古生物

漫游侏罗纪

恐龙时代 I

李健良 著绘

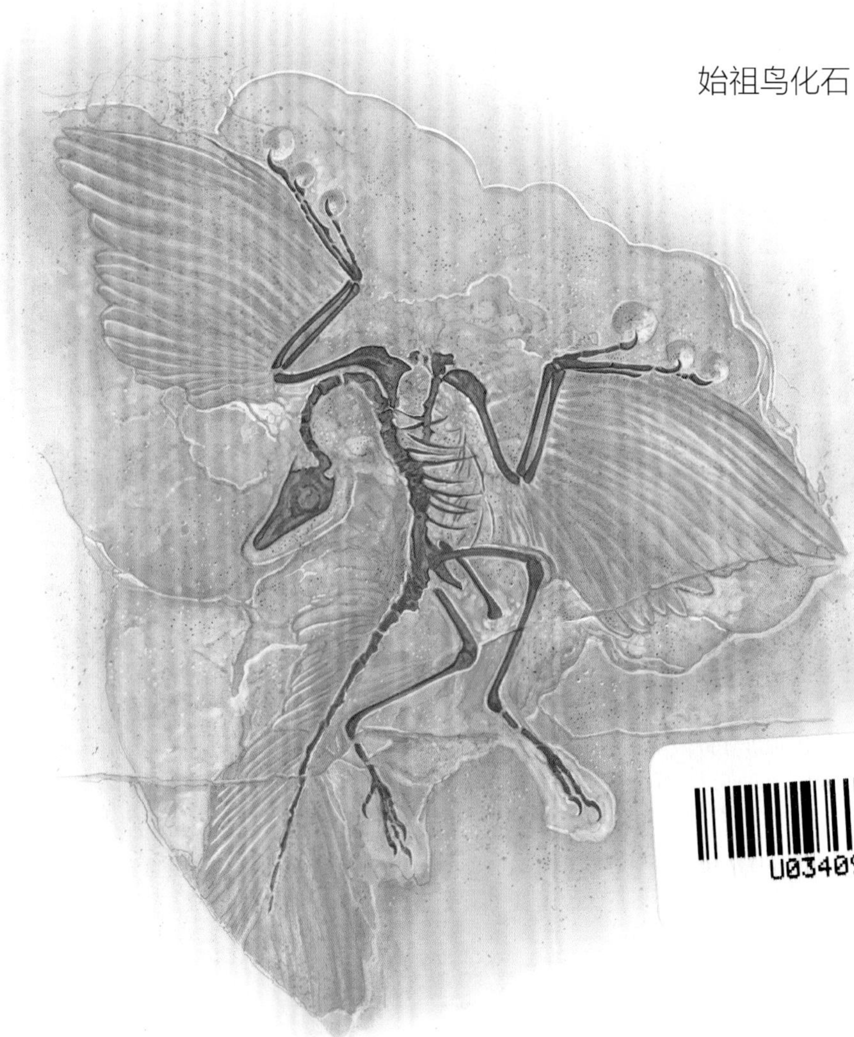

始祖鸟化石

始祖鸟具有恐龙和鸟类特征，被视为恐龙与鸟类的链接

文化发展出版社
Cultural Development Press

图书在版编目(CIP)数据

古生命. 恐龙时代. Ⅰ, 侏罗纪 / 李健良著绘. —
北京 : 文化发展出版社有限公司, 2018.10
ISBN 978-7-5142-2205-0

Ⅰ. ①古… Ⅱ. ①李… Ⅲ. ①古生物－普及读物②侏
罗纪－恐龙－普及读物 Ⅳ. ①Q91-49

中国版本图书馆CIP数据核字(2018)第240898号

版权登记号： 01-2018-2973

古生命 恐龙时代 Ⅰ

著绘 李健良

出 版 人 武　赫
责任编辑 肖润征
执行编辑 步　超
责任校对 岳智勇
责任印制 杨　骏
版式设计 曹雨锋
网　　址 www.wenhuafazhan.com
出版发行 文化发展出版社（北京市海淀区翠微路2号）
经　　销 各地新华书店
印　　刷 北京博海升彩色印刷有限公司
开　　本 889mm×1194mm　1/8
印　　张 6.25
版　　次 2019年12月第1版　2019年12月第1次印刷
定　　价 78.00元
印　　量 1-6000册
I S B N 978-7-5142-2205-0

如发现印装质量问题请与我社联系。发行部电话：010-88275602

李健良：《古生命》与我

主编要求我写一篇文章，诉说创作这套“古生命”的来龙去脉：从何而来？往哪里去？哇，好大的问号！我宁愿绘一幅画来交换写文章，会更加轻而易举，更加得心应手。就像拍电影的导演，觉得转动镜头会比执笔更好玩。我眼前的东西，经过脑海就会变成图像，一格一格的像漫画重现。

图，就是我想说的话。怎么好？嗯嗯，也就随心去写吧。

自幼，就爱绘画，看着家中大鱼缸里的鱼游来又游去，已够我着迷了。爸爸送我第一本迪斯尼漫画书，可能是初中，那时我 13 岁，手不离日本漫画。记得一位中学老师曾经一边赞我绘画好棒，一边评我不会写字……嘿，还要尽情在青青草地上踢球。我是学校足球队成员，代表校队出战比赛，梦想成为职业足球员，勤力练球占去不少日月；尽管还有时间应付考大学预科试，但那些年的香港，只有三所大学（现在有十所公立大学），竞争非常激烈；压力令人消极，在考试场上，几乎交白卷，我放弃，无奈。

中学毕业那年的夏天，在一间玩具厂，我找到一份暑期工作，做个小技工。以为活着就无忧了，不料被工厂婶婶的一句话当头棒喝：年轻人在这里浪费一世吗？我垂着头回家，把多年累积的画作都拿出来，突然一个念头在秒间闪过……好的，就把它们寄去投考漫画师。

以为我的青春漫画手稿就此石沉大海，然而过了一个月，突然电话响起，吓我一跳，电话中的他竟然是马荣成，香港漫画界的尖子，是我踏入漫画室工作的首位上司。

意想不到的是，几年下来，我当上漫画杂志“天下画集”的美术总监，负责每期“风云”漫画的封面，跟主笔马荣成共进退。

没有进过美术学院，手上没有一张美术文凭；绘画的手艺、观察、视觉、感觉和漫画的动感构造，统统在漫画室里练成。由每天早上 11 时起埋首绘画，至凌晨过后才回家睡觉。有时真的太累，就在画室呼呼大睡至天亮。青春最无敌！一股劲儿爱疯狂，海阔天空，哪会怕跌倒！

80 至 90 年代中，正是香港漫画创作和出版的黄金期。漫画每双周出版一期，每期销售十三万本至二十万本；当时，大街小巷，以至在学生哥的书包里，总会找到漫画书。画迷读者的动力，驱使我废寝忘食，连续 27 年不停不休，视漫画社为自己第二个家。

都说人生有起伏，万物有始终，夜深人静，怎么不会想起曾几何时，就连对枕边的爱人（老婆）都没透露半句的心愿？我真的很想很想，拥有亲手绘画的个人作品。

小时候看过的鱼，跟爸爸到郊外玩……风景的写实，与我爱深夜看电视里大自然动物纪录片不无关系。一晚，看到一首英文歌的音乐视频 (MV) music video，描写生命起源，从单细胞到复杂的鱼类、四足类、爬虫类，从恐龙灭绝到哺乳类崛起，最后人类出现。彷佛是埋在心底的一块石头突然跳出来了，我整个人轻松跃起，立即准备画《古生命》的大计。

辞去了漫画社所有职务，独自走自己的理想路。才知道对地球演进、生物、鱼类、恐龙……所知的极之皮毛。找数据有甚于大海捞针，需要大量心血和时间的消化；半途而废的恐惧，好几次在深夜来造访，我回答它：“无论如何一定画下去，你走吧！”

打从习漫画起，我就亲手用笔和油彩一笔一笔画在纸上，没有计算机在旁。这样下来，平均每三天才完成一页的绘画。《古生命》共三册书，第一册“古生代” 有 106 页，第二册“中生代 - 侏罗纪”有 114 页，第三册“中生代 - 白垩纪”有 142 页，笼统地计，画了 1086 天，约 3 年时间，其实不止，我整整闭门埋首 5 年多，才完整出版第一版的香港繁体中文版。不讲不知，第三册的第 53 页最下一格的彩色珊瑚群，用了 5 天时间才画好；第 104 ~105 页的一幅长颈龙列队前行，花了两个星期才完成！

本简体版书加上了“漫游”二字，很有意思。坊间与恐龙有关的百科书和故事书，种类繁多有如排山倒海，各自精彩。我的《古生命》 有幸立足其中，有别他者，在于糅合漫画手法，连环捕捉动态，带人穿梭画中游历。

《古生命》的编排与一般单图说明恐龙的图鉴百科，很有分别。我从地球 46 亿年前顺序推进，把不同地质时期的生物恐龙逐一呈现，年代时序一清二楚，读者的认知会更深。为使画面连贯和流畅，便要绘画很多画稿。在我绘画生涯上，这回实在是巨大的挑战。

用漫画的技法绘画，最困难是，需要幻想大自然的变化和动物的动态，这些是我们无法亲眼看到，现今科技也不能复制的。在漫画中打滚多年，对连接的分镜和角度的处理，无疑是我的左右手，是我的强项。

如果您是第一次翻开这套《古生命》，又或者很少看漫画，请听听我的建议：

翻开每一页，慢慢由上而下看，由左上格向右方成“Z” 字母方向，逐格连接去看。对，千万不要着急地快翻快看，要有游山玩水，细品风景的心情，您便会观察到大地上的生与死，动物求生的挣扎，奄奄一息地喘着气。那么，您或许已领会图画的千言万语。

很感谢文化发展出版社支持出版这套书的简体中文版，由起始创作至出版多年，我从来没想过有这样一个机会，接触到更多的读者。

创作《古生命》的过程，好比人生不断发掘新的路，充满冒险和挑战。借此，有机会在香港参加好些大、中、小学的讲座，开阔了我的思维。记得一段有趣的事，与大家分享：

一位 8 岁的小女孩跟我比赛，画一只牛。真的，她画得不错；然后，我画些青草给牛吃，说：“你也画给它来吃啊。” 她动笔跟着画了，但不是青草，是冰激凌！

原来想象可以如此超凡，自由自在，不落俗套，无远弗届。我深深相信，前面尚有很多很远很阔、高低起伏的路，要继续前往。

前言

太阳系中有一颗蓝色行星，它充满生命力，有着多元化的生态，正是我们今天身处的地球。人类的出现只不过是二十万年前的事情，近年一些考古学者更把数字推前到四十万年前，但对于四十六亿高龄的地球，人类的历史不过是短暂的一瞬。早在人类出现之前，已经有着无数不同形态的生物在此栖息过，感谢古今无数古生物考古学者数个世纪的努力付出，证实那些各式各样的物种曾真实存在。

四十六亿年前地球还是一片熔融，经历了上亿年时间的冷却、地表固化、降雨……在三十七亿年前开始出现单细胞生命（古细菌），自此生命进入多元演化。从五亿四千万年前寒武纪的生命大爆发开始，古生代经历六个地质时期，穿越中生代的三叠纪，到达中生代的第二地质时期——侏罗纪。

注：所有图中的生物均全部在《古生命：生命起源》有更详尽解说。

约 2 亿年前 ~ 1 亿 4500 万年前

侏罗纪

Jurassic

中生代的第二个时期，
原本广阔的盘古大陆开始逐渐分离，海岸带逐渐增多，
为动植物的繁衍、发展提供了更为广阔的空间。
其中，恐龙一枝独秀，自此统治地球长达 1.5 亿年。

雨降大地……

河水暴涨。

山洪暴发。

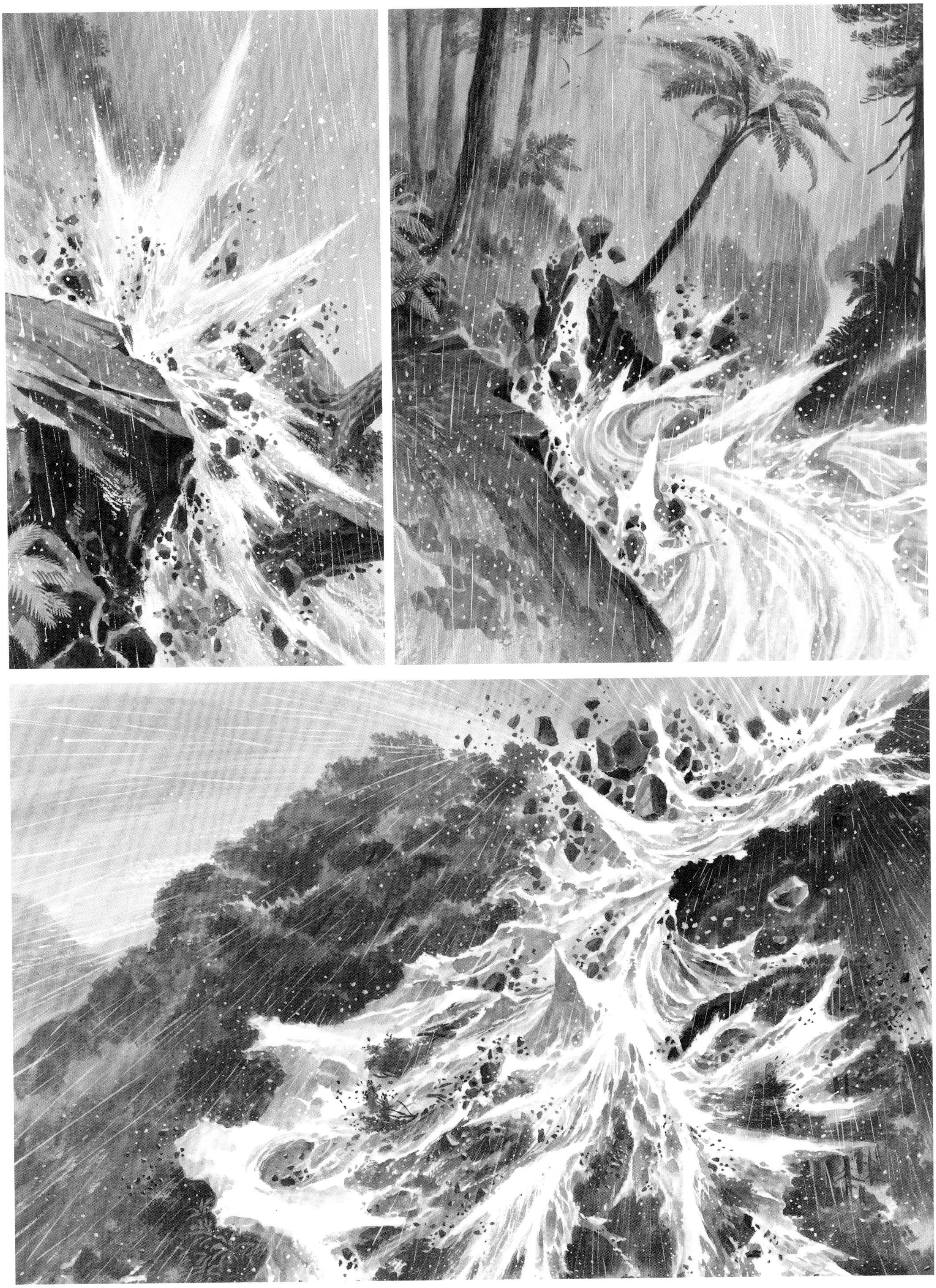

洪水泛滥。

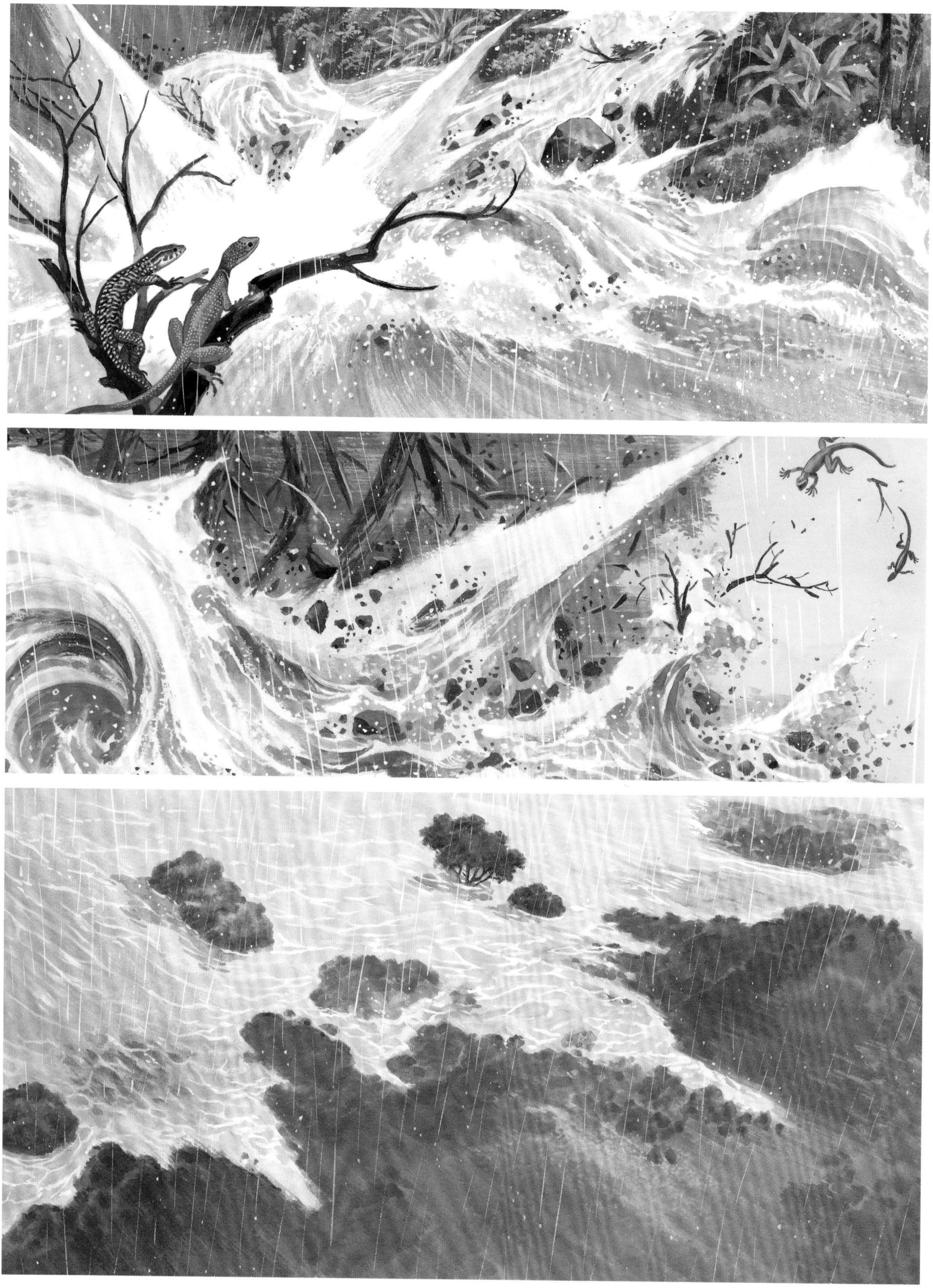

雨停了……

迷惑龙
Apatosaurus

体长 24m

植食性，体形十分庞大，重量足有26吨，比梁龙要结实。脖子和尾巴都很长，头部较身体而言相当细小，前肢有大爪，后肢的前三趾有指爪。

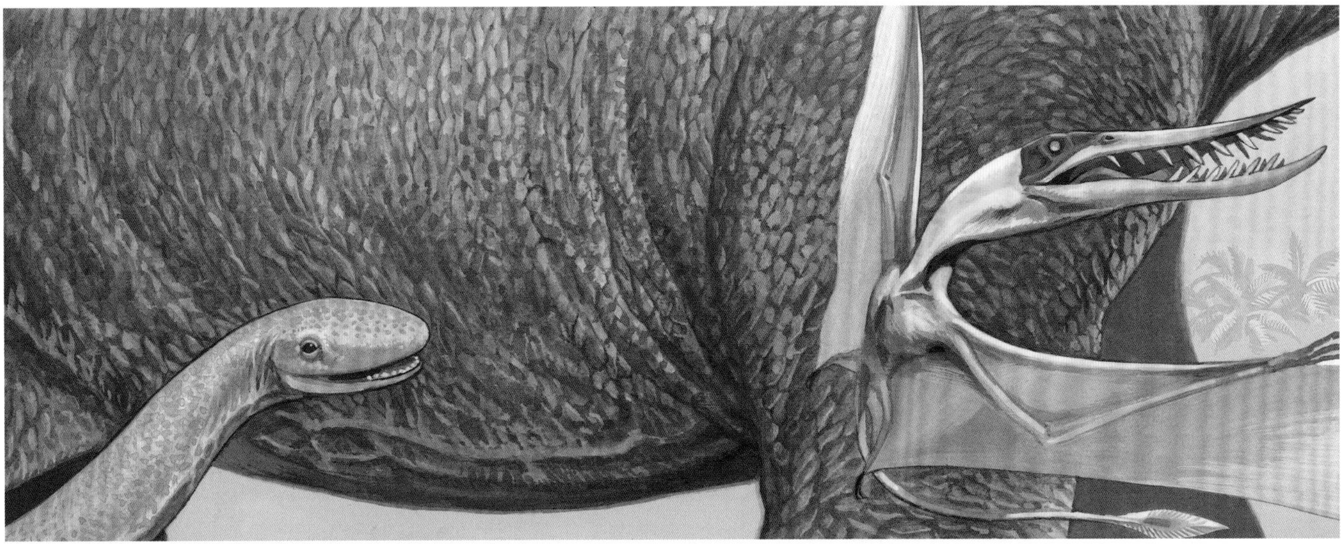

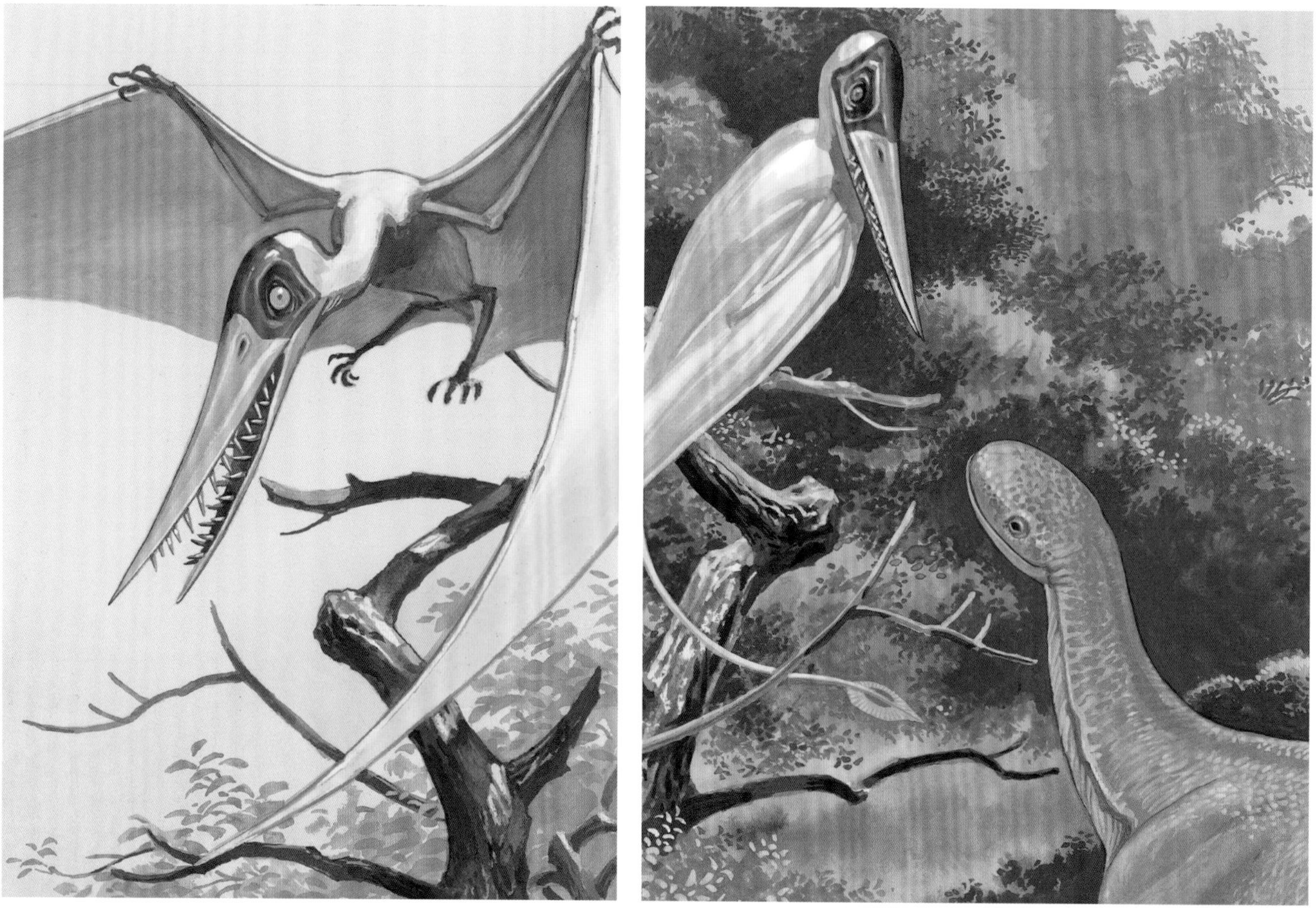

▲ **喙嘴翼龙**

Rhamphorhynchus

体长 1.26m

翼展约 1.78m。尾巴有韧带，使尾巴僵硬，尾端呈钻石形状；颌部布满向前倾的尖细牙齿。它们可能以鱼类、昆虫为食。

小迷惑龙的叫声惊动了整群栖息在树林的喙嘴翼龙……

▲ **双冠龙**

Dilophosaurus

体长 6m

又名双脊龙，肉食性，头顶上长着两片大大的骨冠，因其前端牙齿不足以猎杀猎物，所以推测其可能食腐。

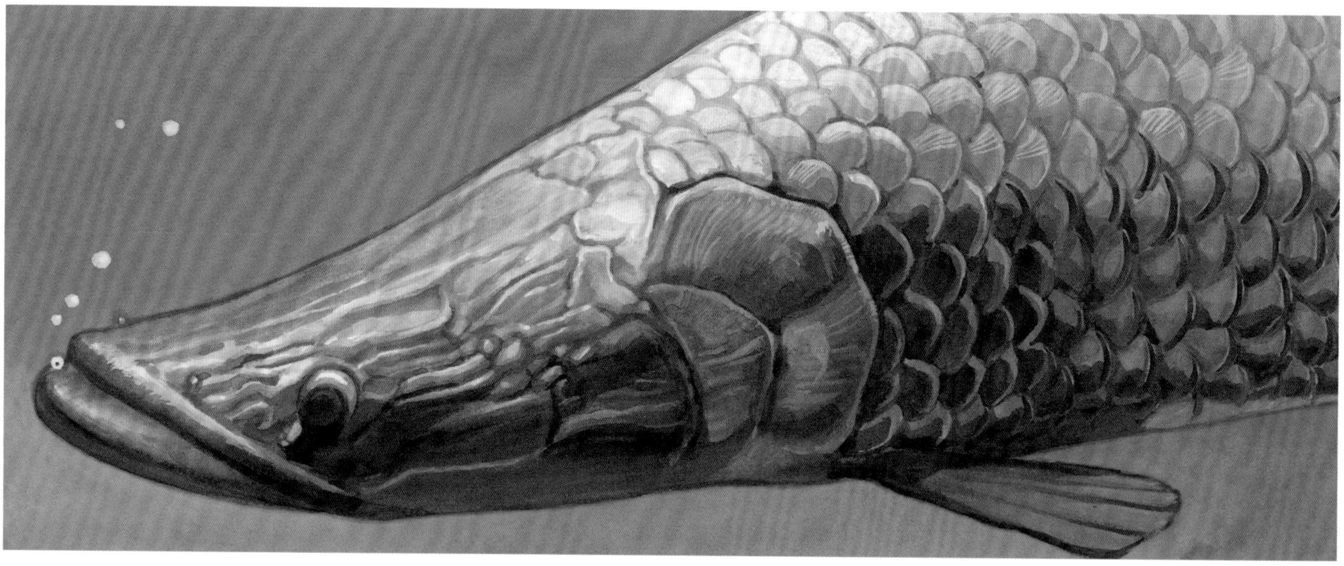

▲ **巨骨舌鱼**

Arapaima Gigas

体长 2.5m

体形巨大的淡水鱼，平时用腮呼吸，干旱或水中含氧量低时，也可用鱼鳔代替肺呼吸。以鱼、虾、蛙类为食，直至今天仍有部分幸存。

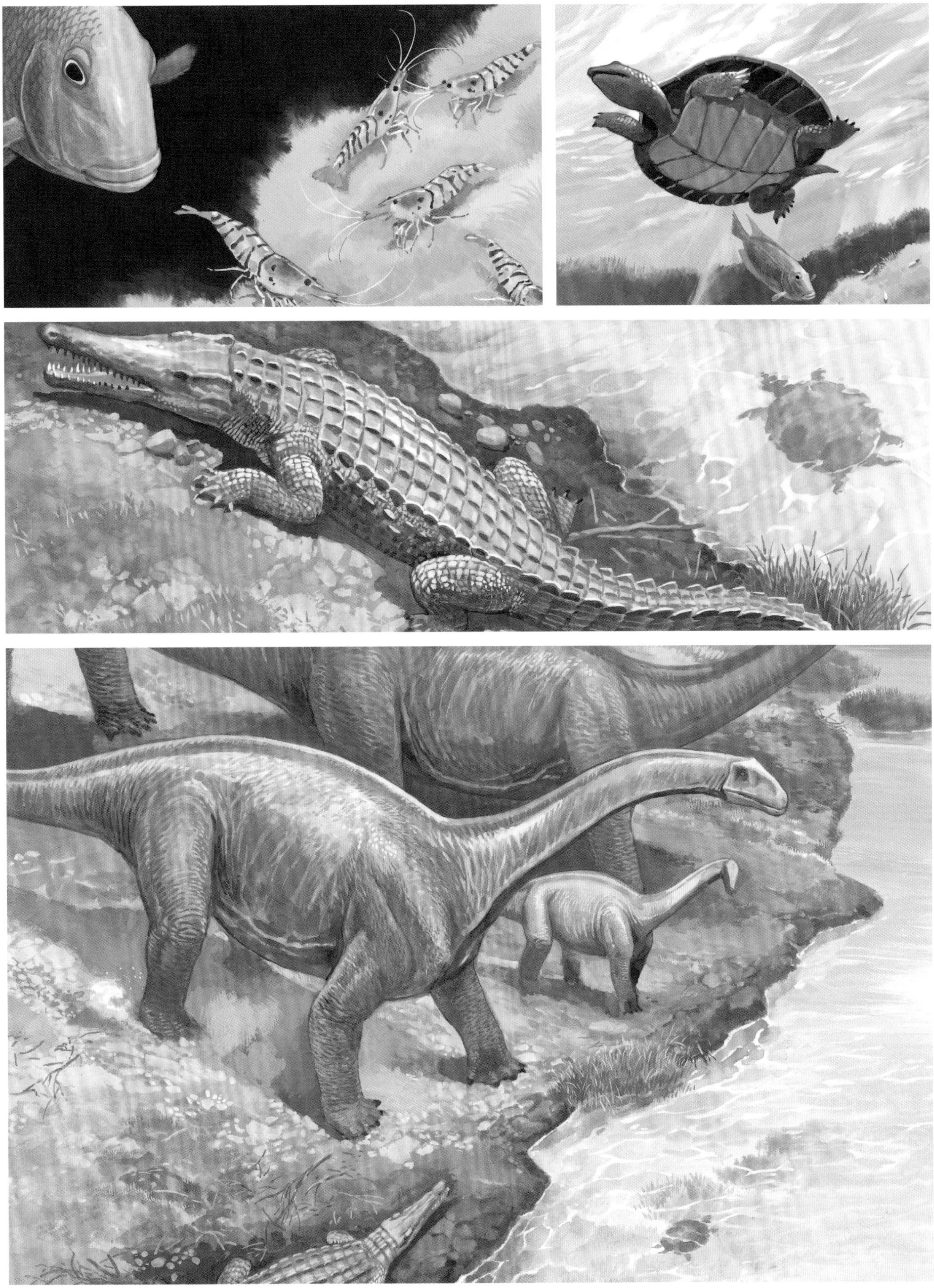

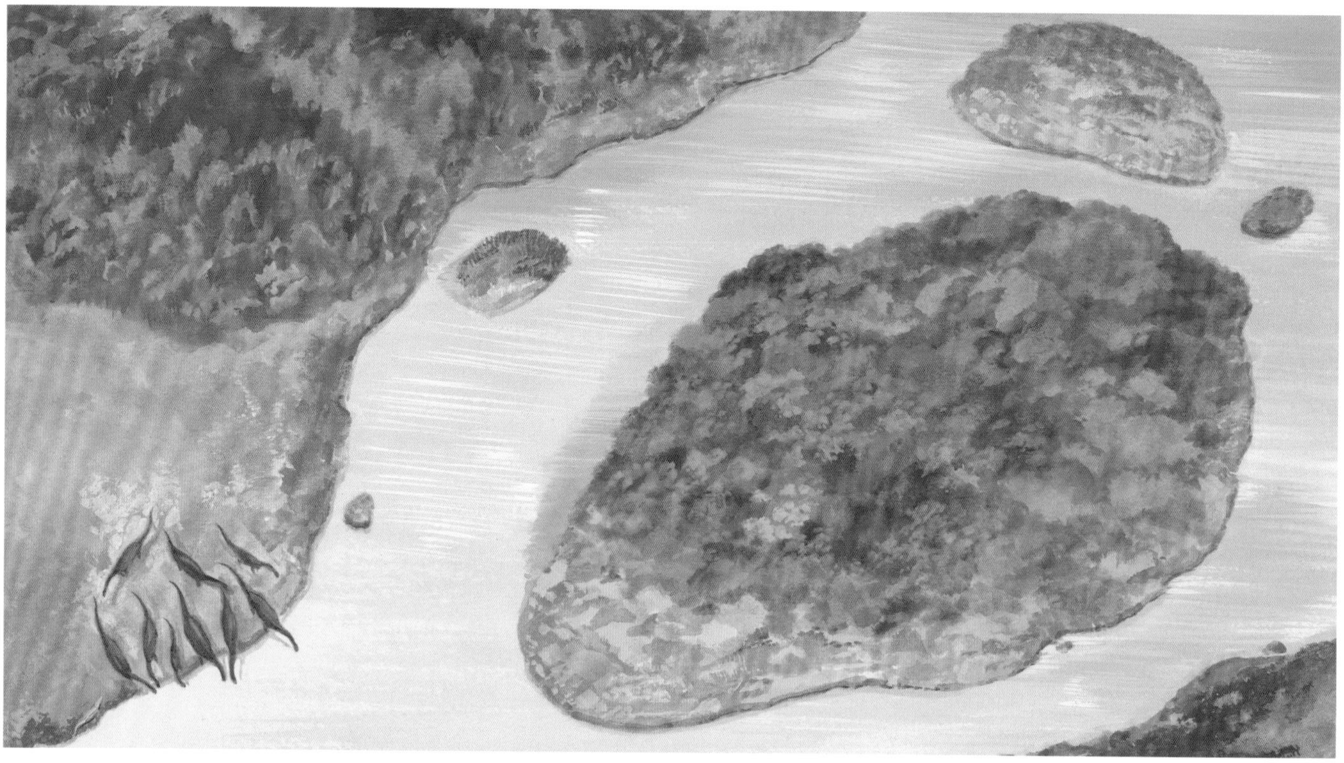

河口浅海区域。

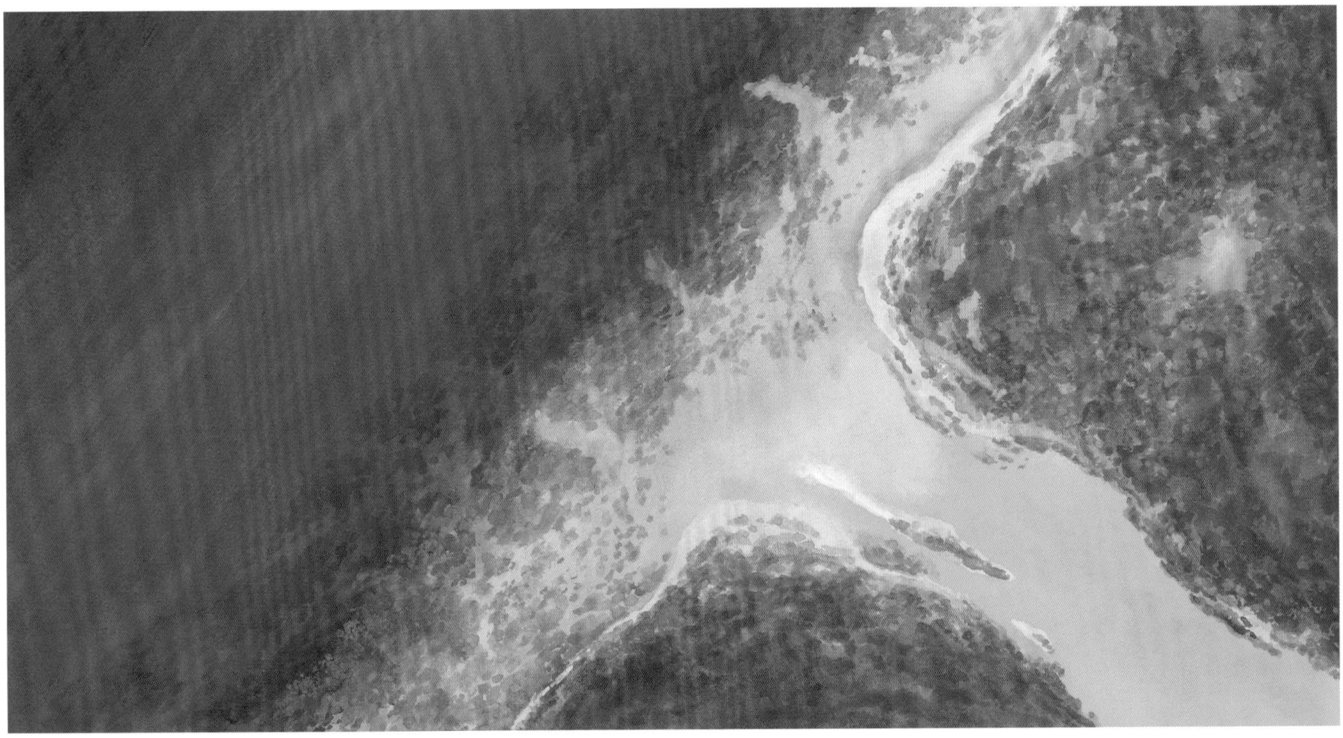

◀
菊石
Ammonite
出现于奥陶纪（古生代），
于白垩纪灭绝（中生代）。

◀
海星
Asteroidea
泥盆纪（古生代）出现，
存活至今。

背甲紧实且呈六边形，
边缘带刺。胸部附肢长
有螯（钳爪）和亚螯。
白垩纪早期灭绝。

体长 12cm

Eryon Arctiformis

▼ **鞘虾**

◀ **蟹** Crab 侏罗纪前已出现，
分支品种存活到今天。

▼ **章鱼** Octopus 侏罗纪前已出现，全身无骨的软体动物，拥有三个心脏、四对布满吸盘的腕足，以及发达的大脑。具有变色能力，遇到危险时会喷出墨汁作为掩护逃走，分支品种存活到今天。

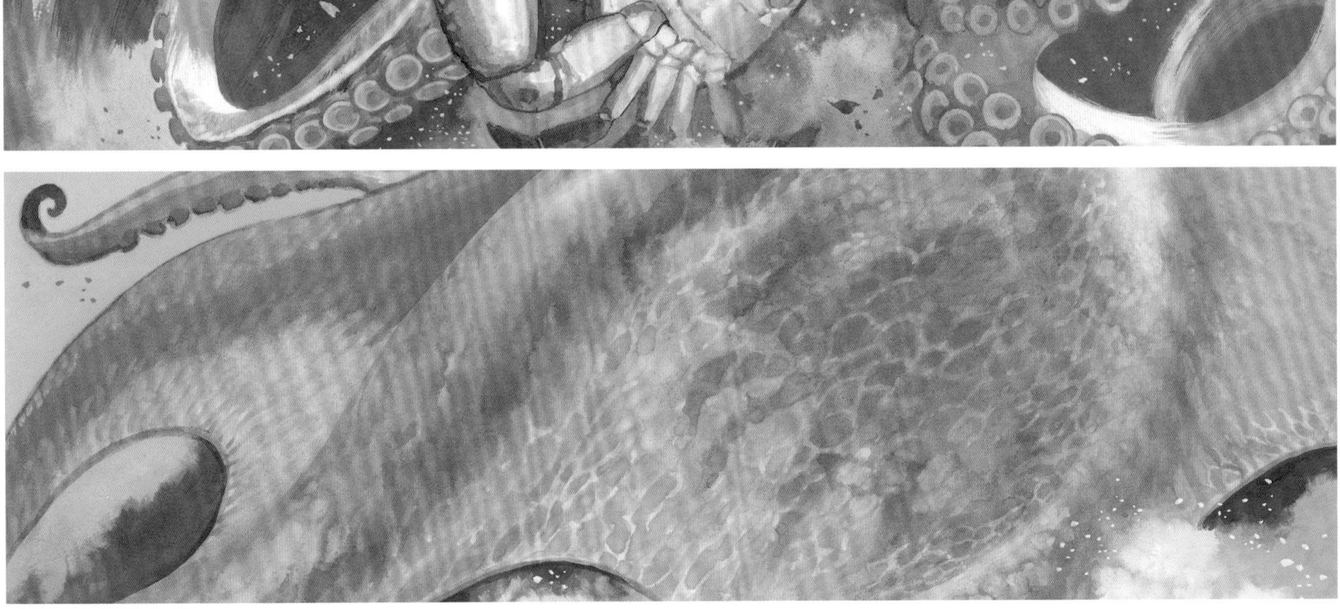

捕猎。

好奇心驱使剑鼻鱼来了一轮冲刺，吓到了八爪鱼，间接把蟹救了。

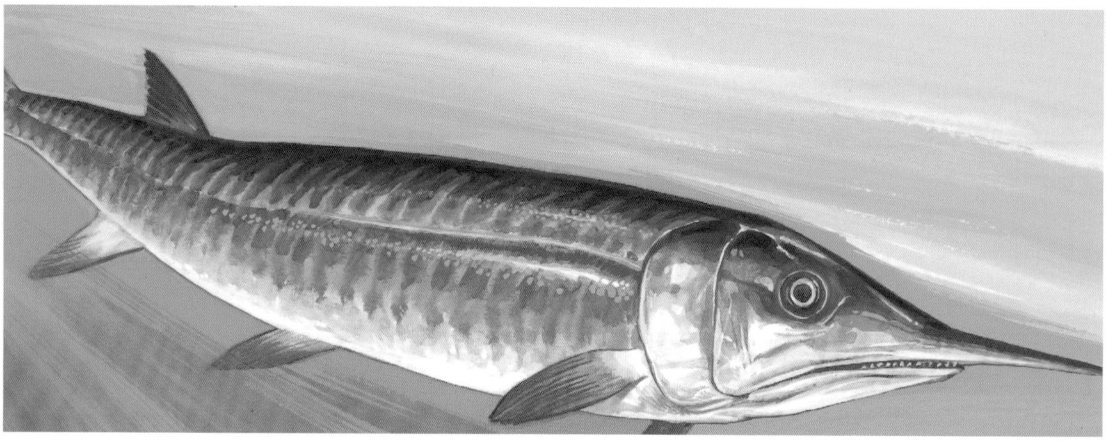

剑鼻鱼

Aspidorhynchus

体长 60cm

上颌较下颌长，呈尖刺状，利用周身的鳍获得动力、保持平衡、控制方向，流线型的身体在一定程度上减小水中的阻力。

▲ **环角鱼** *Gyrodus* 外形几乎为圆形，白垩纪灭绝。圆形的牙组成紧密的牙列，说明它以珊瑚或其他身体坚硬的动物为食。

体长 1.5~2.5m

Alepisaurus Ferox

▼ **长吻帆蜥鱼** 眼、嘴都很大，尖牙参差不齐，身体光滑无鳞，背鳍高大呈帆状，至今仍有分支存活。

▲ **蛇颈龙** *Plesiosaurus* 体长 3~6m

肉食性爬行动物，此时的海中霸王，体形硕大无比。

蛇颈龙集体前往深水区域。

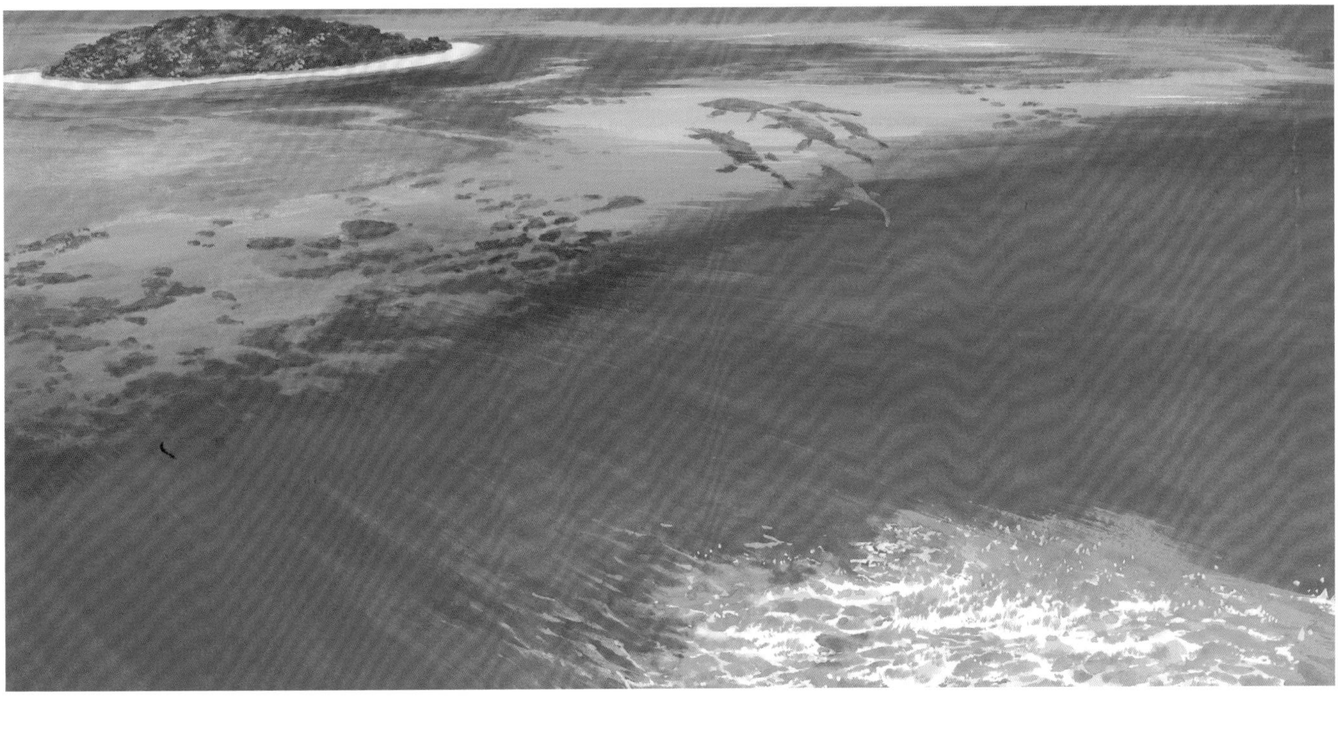

▲ **鱼龙**

Ichthyosaur

体长 2~4m

肉食性海洋爬行动物，外形有些像海豚，胎生，侏罗纪是鱼龙的鼎盛时期，白垩纪时由于竞争不过蛇颈龙而逐渐灭绝。

鱼龙正在捕食。

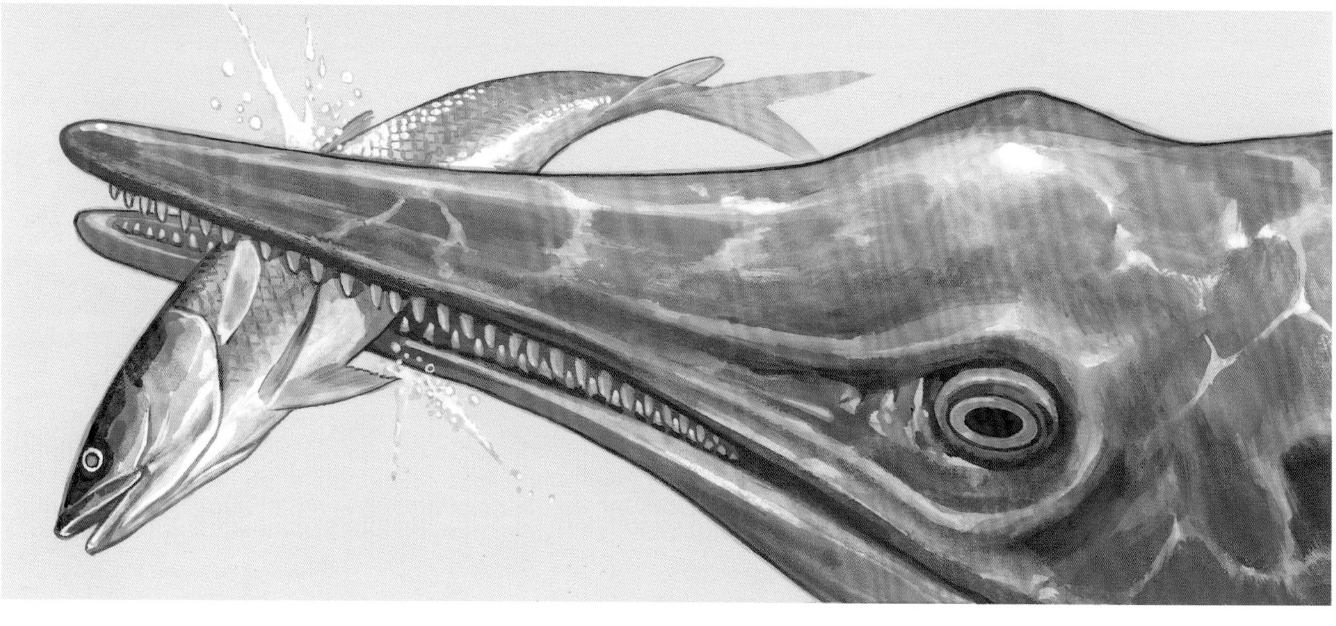

蛇颈龙也一起加入捕猎鱼群。

一望无际的大海。

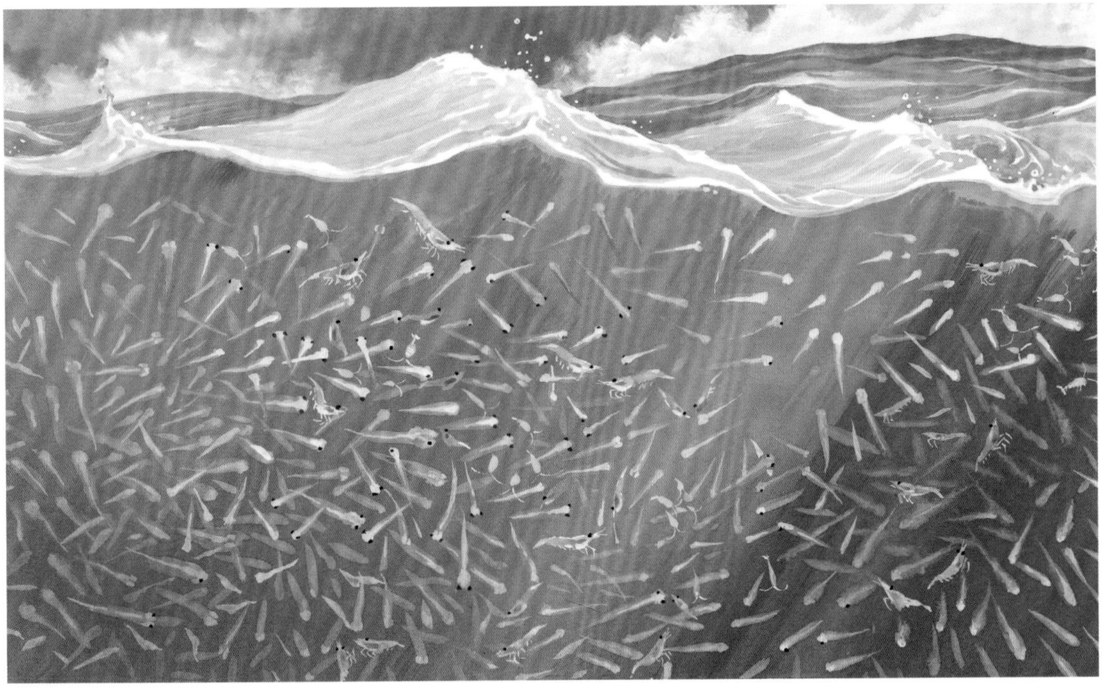

浮游生物

Plankton

体长 60cm

生活于水中，缺乏有效移动能力的漂流生物（游动能力弱于水流的也算在其中），包含浮游植物（藻类居多）和浮游动物（磷虾、水母、海蜇等）。

大口吸入！豪吸！！鲸吞！！！

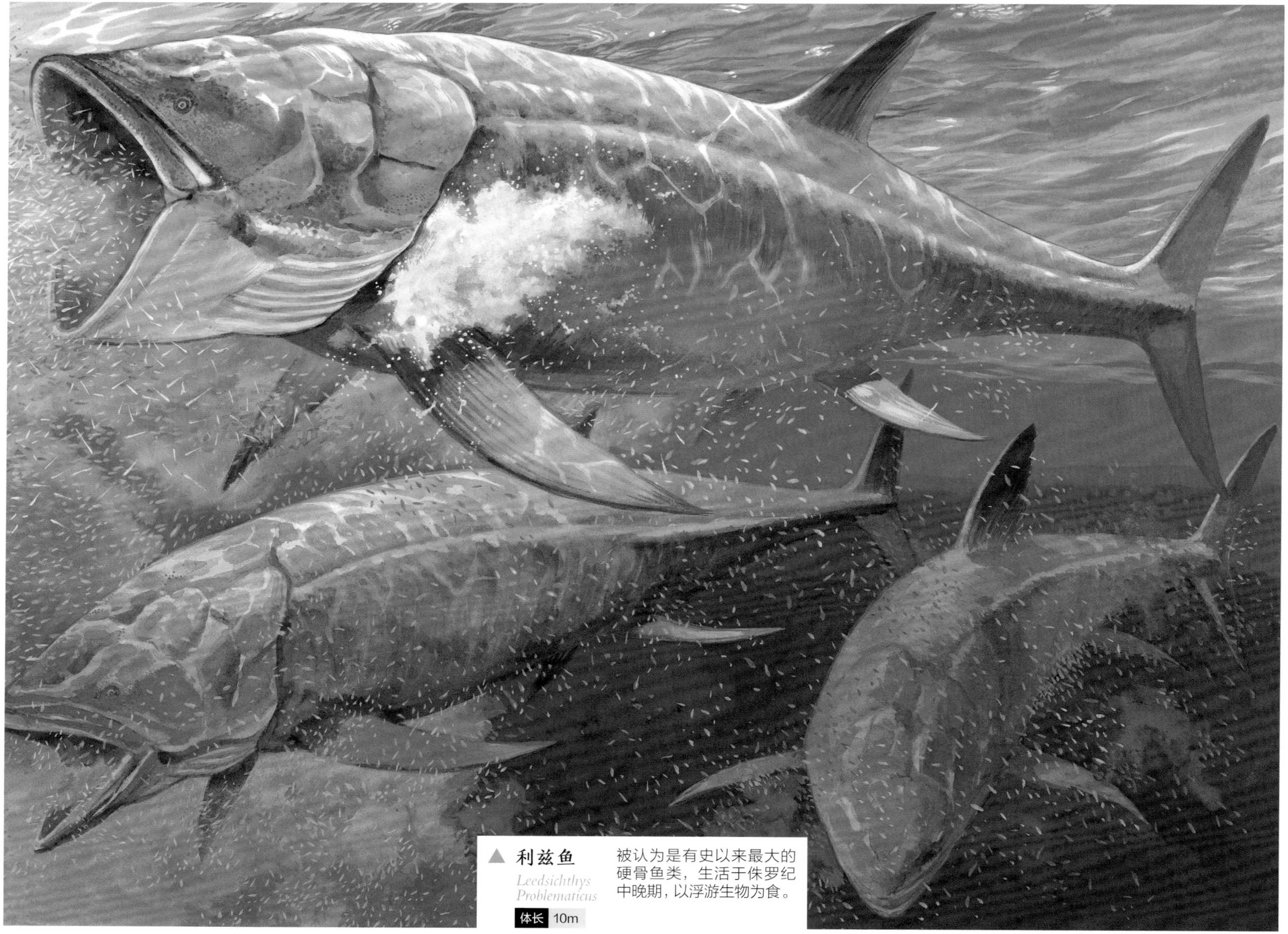

▲ **利兹鱼**

Leedsichthys Problematicus

体长 10m

被认为是有史以来最大的硬骨鱼类，生活于侏罗纪中晚期，以浮游生物为食。

埋伏……突袭!

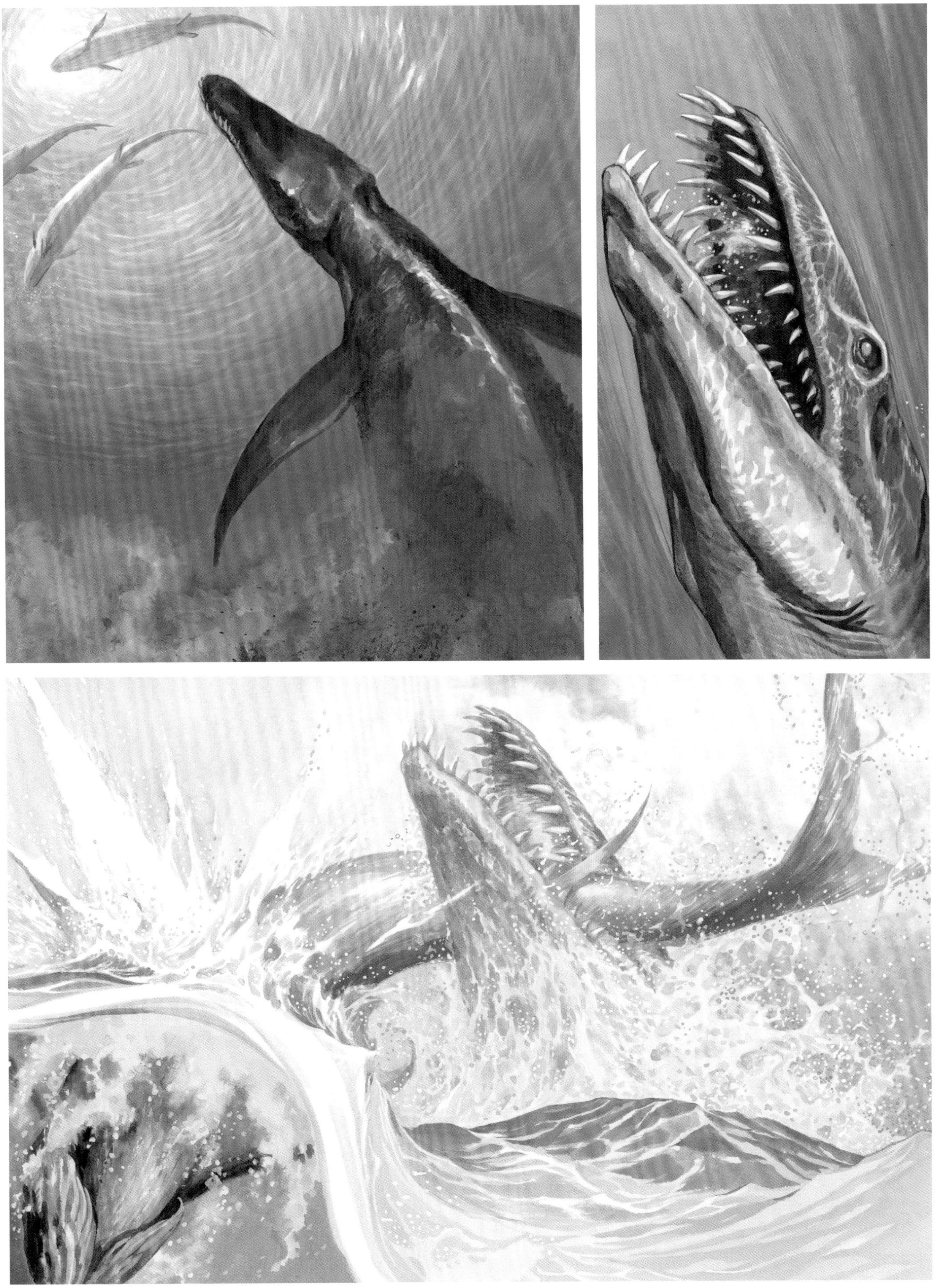

利兹鱼奋力挣扎脱身。

然而在滑齿龙的追逐下，利兹鱼未能逃脱。

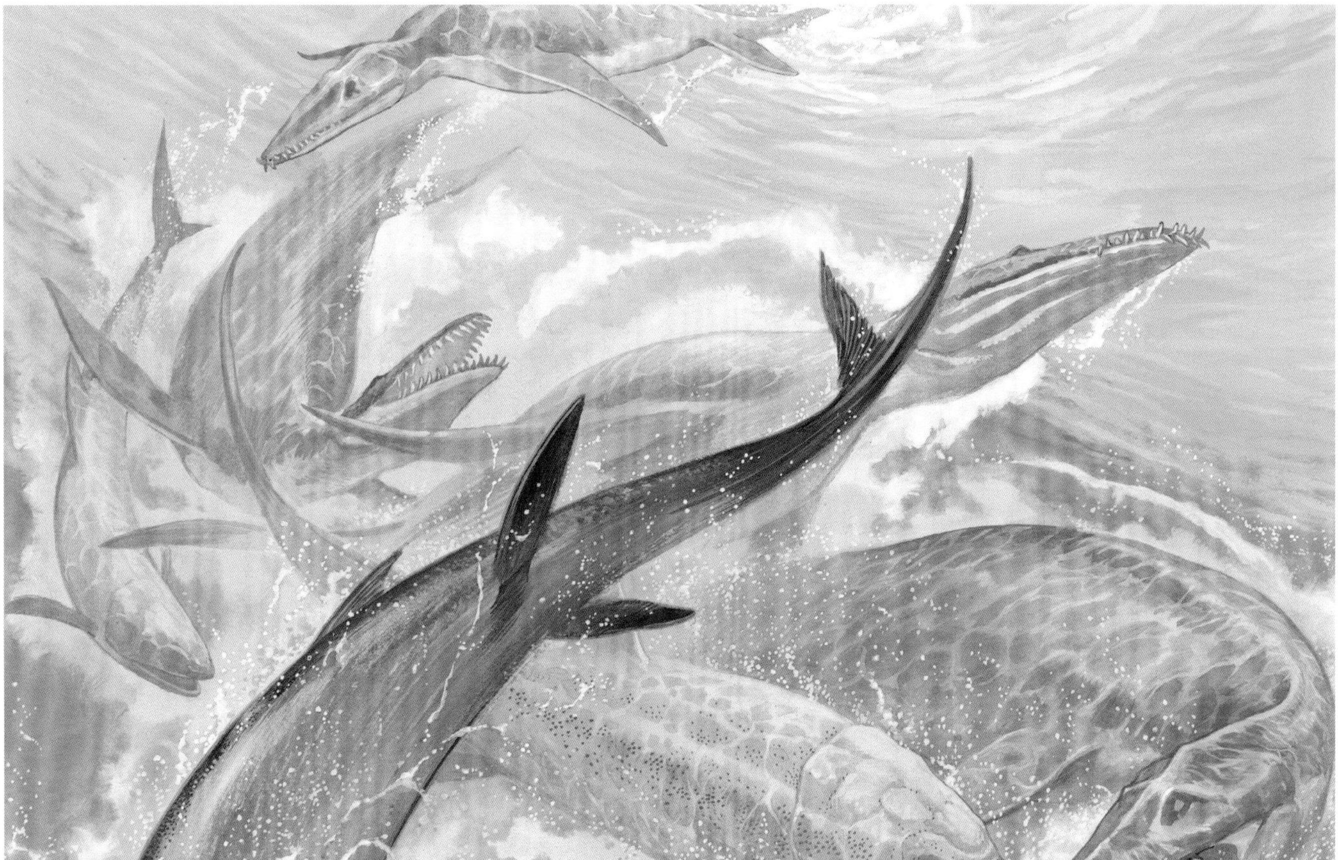

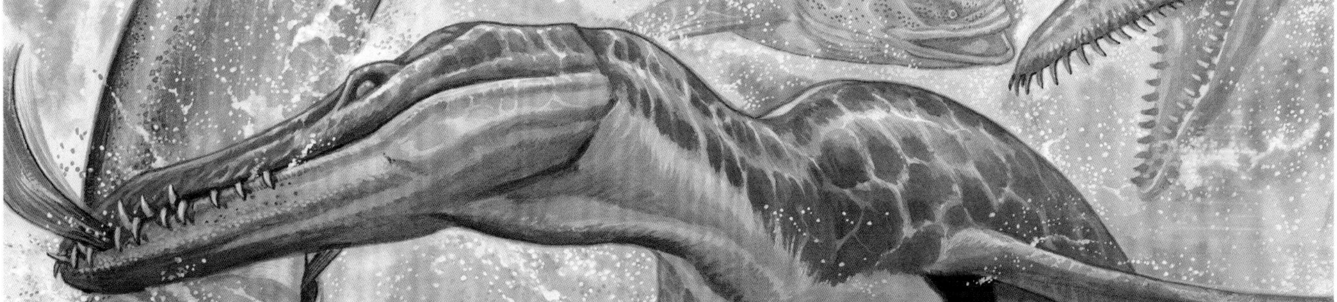

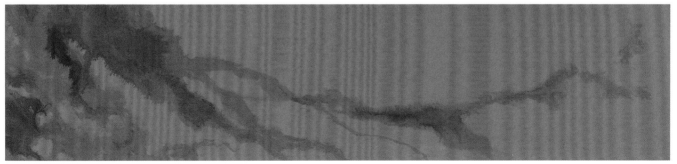

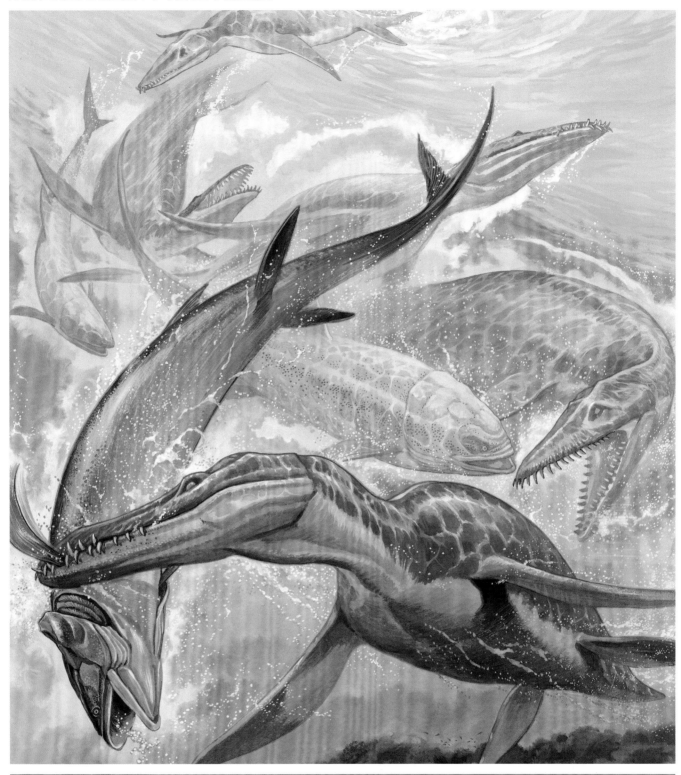

▲ **史前腔棘鱼**

Prehistoric Coelacanth

体长 30~90cm

因鳍棘中空得名，最早出现于古生代泥盆纪中期，是非常古老的鱼类，今天仍有分支存活。

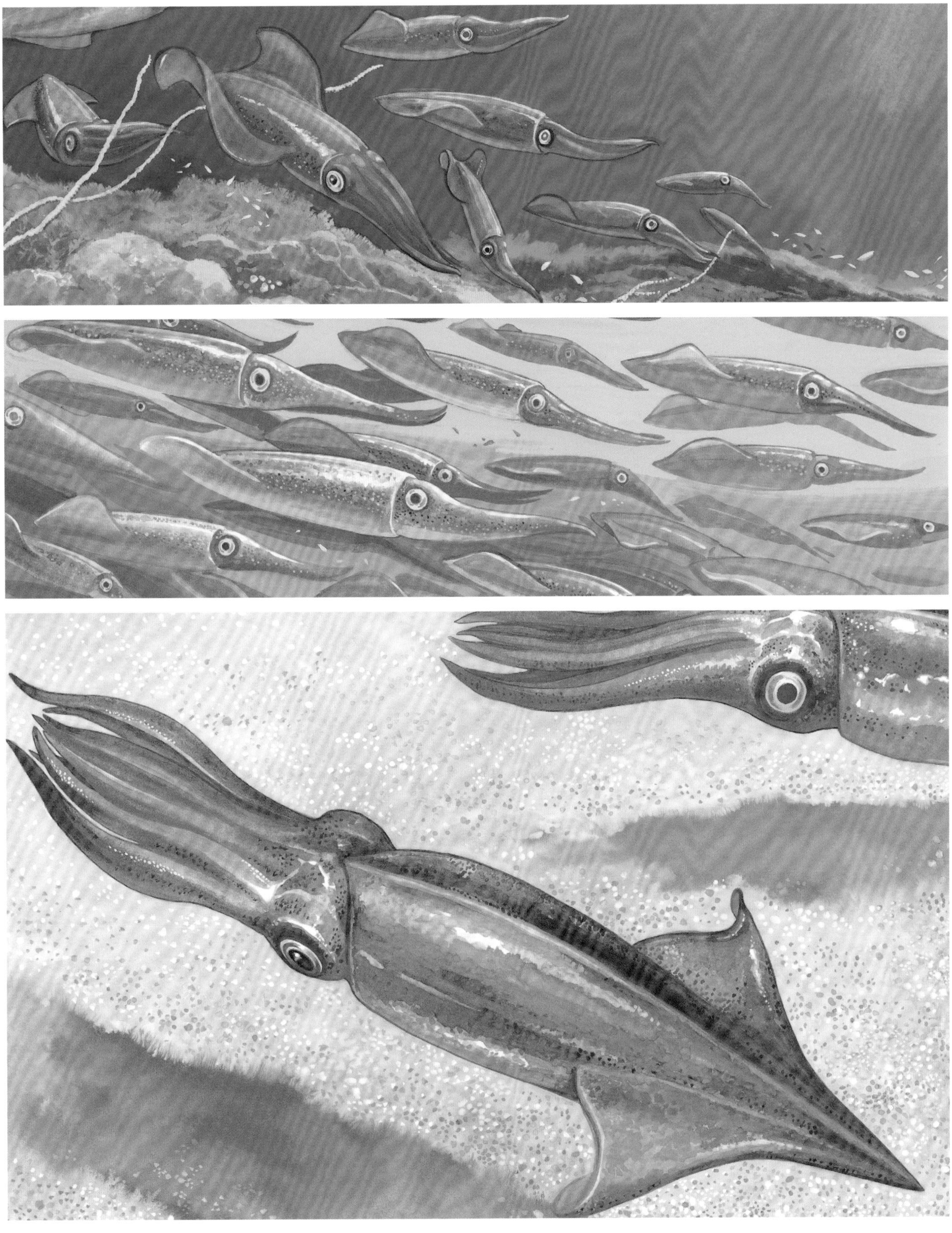

▲ **箭石**

Belemnitida

体长 30~40cm

外形很像鱿鱼，因箭头状的鞘而得名。生活于泥盆纪至白垩纪之间，可以喷出墨汁掩护自身逃跑。

▲ **鲨鱼**
Shark
体长 3m

软骨鱼类，除了可以不断更替的牙齿外全身都是软骨，没有鱼鳔，利用肝脏控制浮沉，是嗅觉极其灵敏的掠食者。鱼翅就是鲨鱼的一对胸鳍，由于鲨鱼翅中含有神经毒素，再加上鲨鱼没有代谢汞等重金属的能力，食用鱼翅反而对人身有害。

侏罗纪海中的霸王！！！

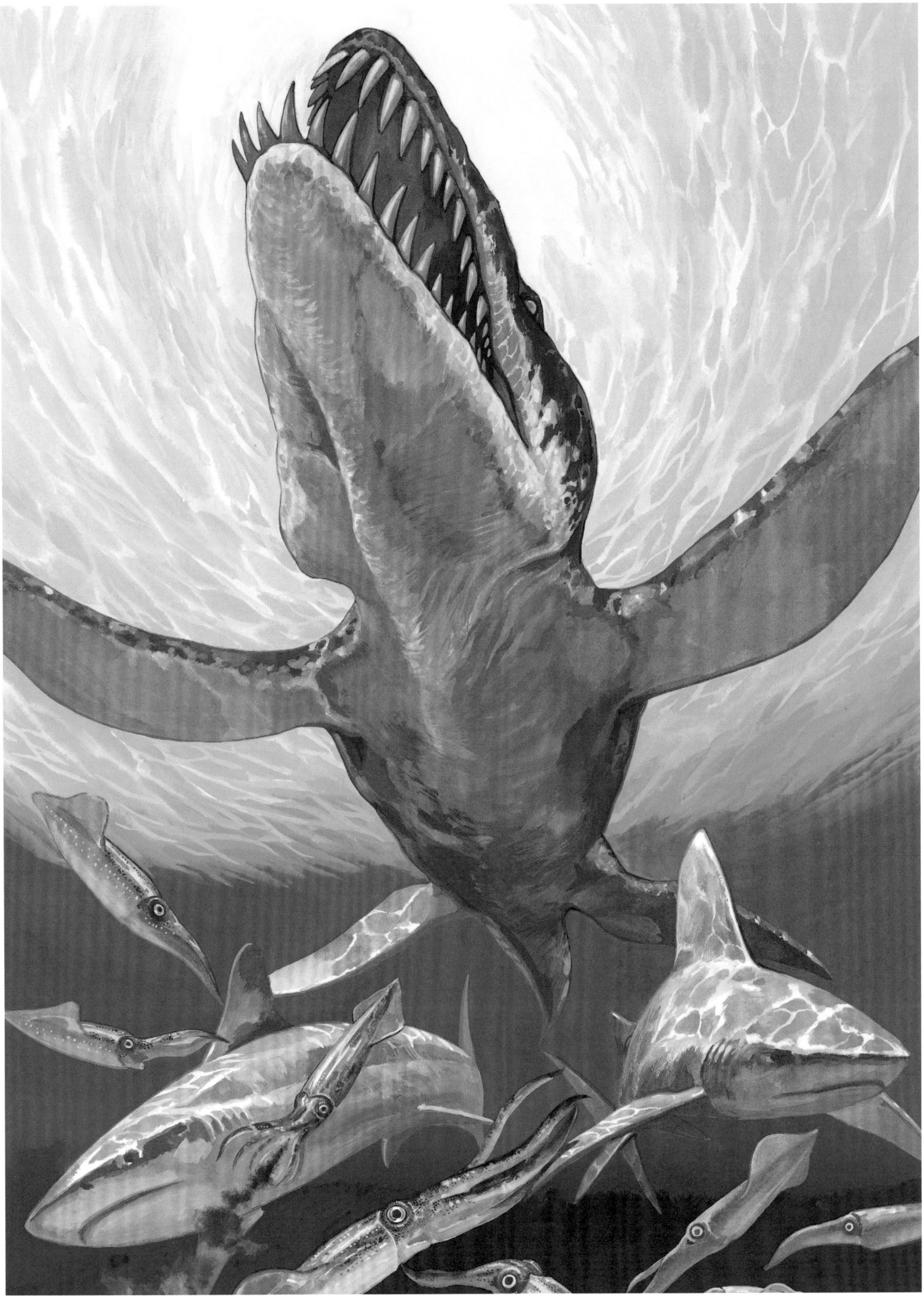

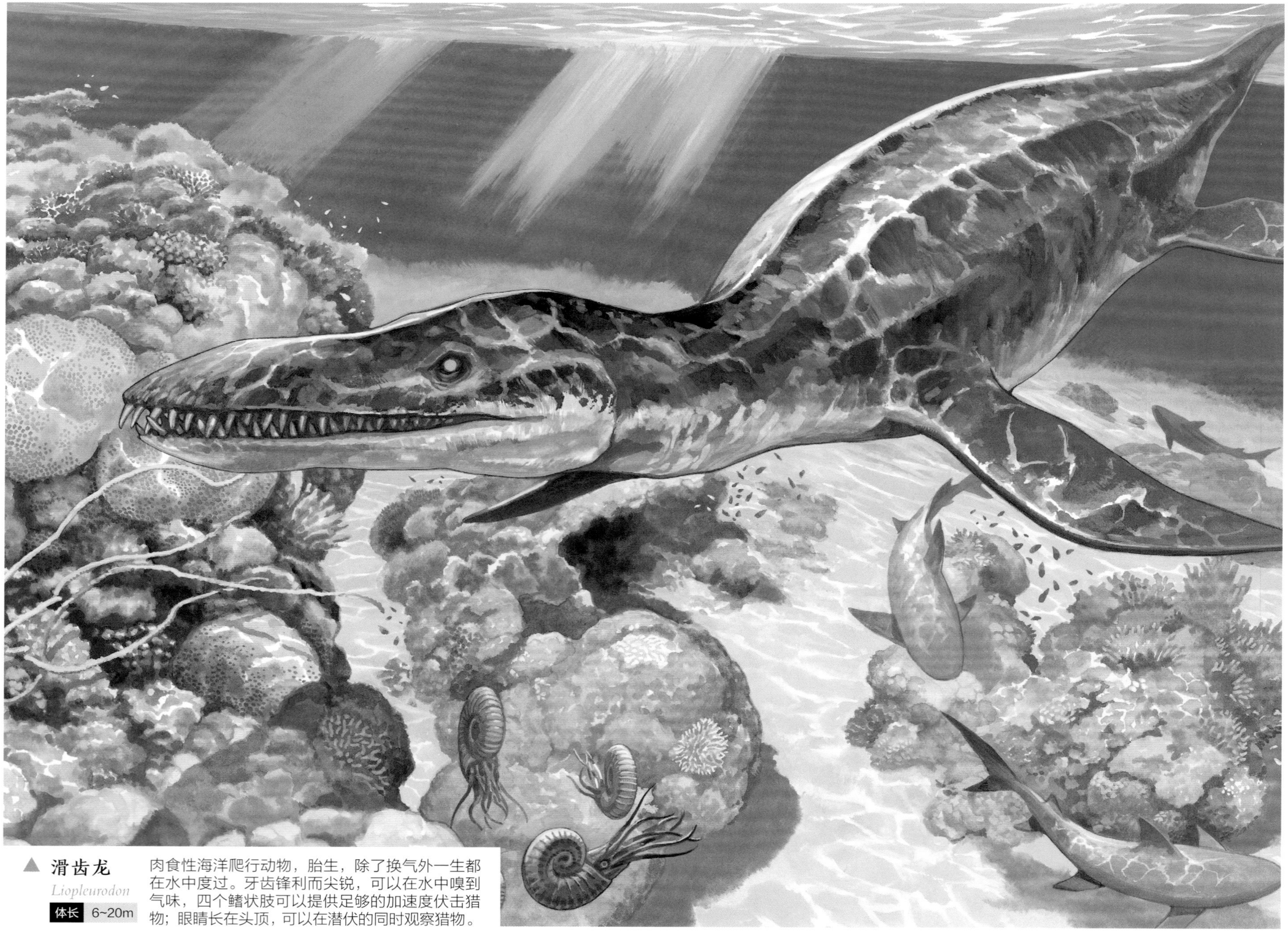

▲ **滑齿龙**

Liopleurodon

体长 6~20m

肉食性海洋爬行动物，胎生，除了换气外一生都在水中度过。牙齿锋利而尖锐，可以在水中嗅到气味，四个鳍状肢可以提供足够的加速度伏击猎物；眼睛长在头顶，可以在潜伏的同时观察猎物。

兽脚类恐龙

Theropods

双足，多为肉食性或杂食性，多数兽脚类恐龙的前肢难以灵活转动。据目前的化石推测，兽脚类恐龙和鸟类可能为同一祖先。

斯基龙

Segisaurus

体长 1m

杂食性，目前仅出土一副身体骨骼化石，且尚未成年，其骨骼构造与鸟类类似，颈部长而灵活，有三个脚趾，腿部强壮。

▲ **异特龙** *Allosaurus*

体长 9m

肉食性，典型的掠食者，双腿健硕有力；前肢虽短，但前爪锋利；一口尖利的牙齿；灵敏的听觉和嗅觉；尾巴长而重，以保持身体的平衡。

紧追不舍!

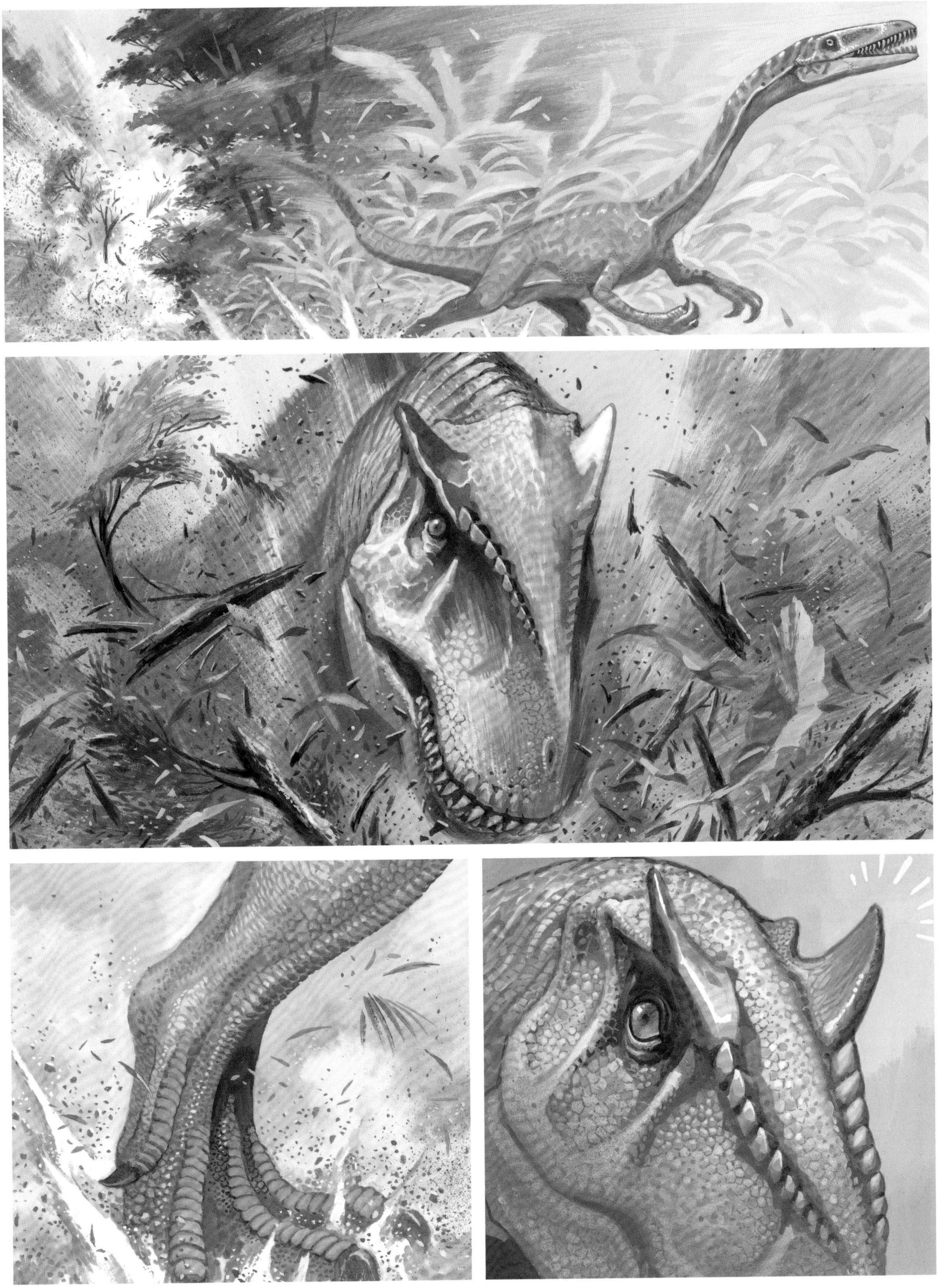

异特龙看到了什么?

▲ 剑龙

Stegosaurus

体长 9m

植食性，脊背长有两道五角形的骨质板，尾部末端有两对防御性尖刺。

异特龙与剑龙对峙。

剑龙愤怒了！

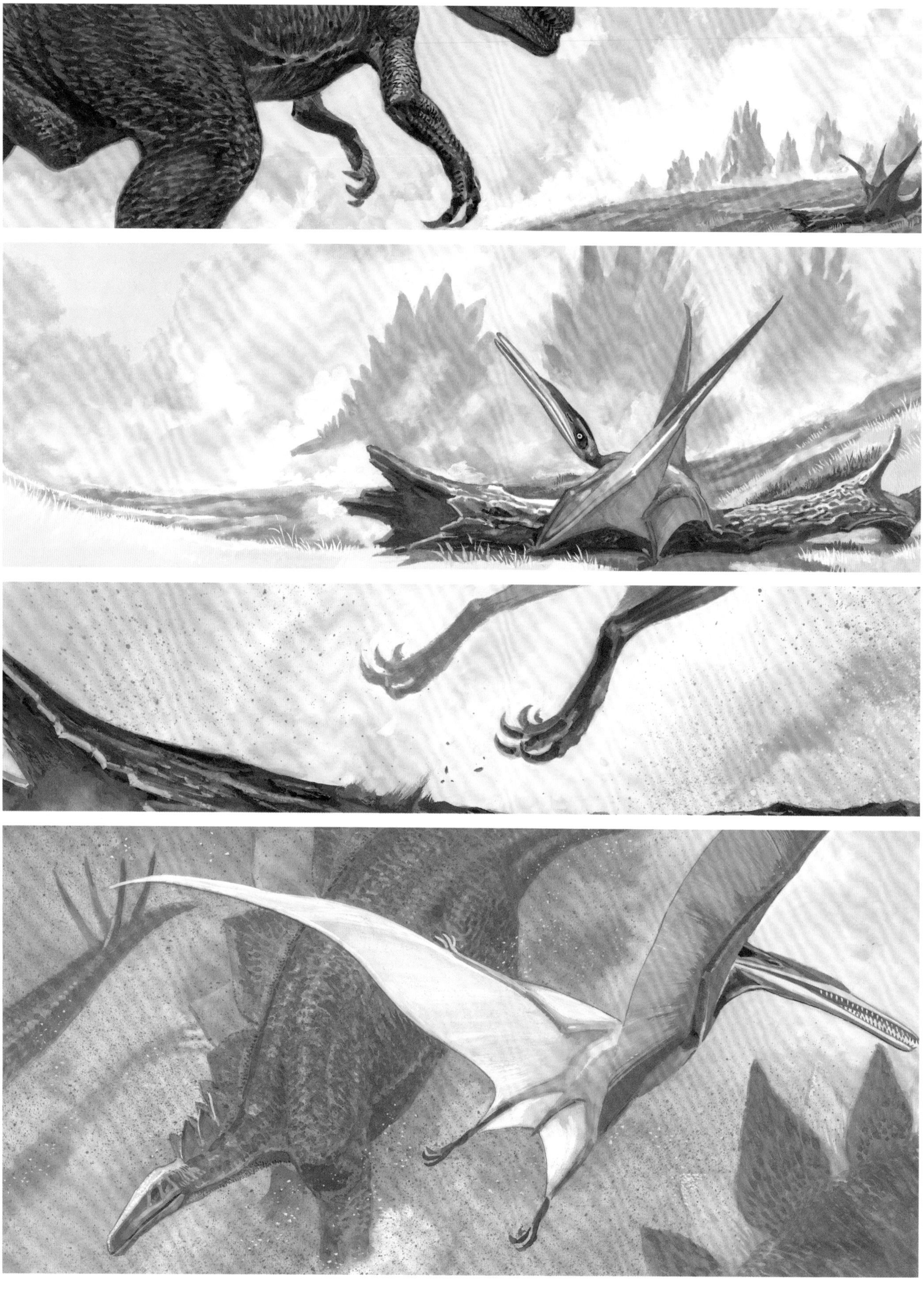

异特龙被剑龙的回击击中，正当异特龙回身之际，剑龙们已经聚集了起来。

▲ **颌翼龙**

Gnathosaurus

翼展约 1.7m，头颅骨长度为 28cm，长有针状牙齿。

▲ **怪嘴龙**

Gargoyleosaurus

体长 4m

植食性，生活于晚侏罗纪。狭窄的喙嘴，后肢较前肢长，拥有重装甲的身躯，身体两侧排列扁平呈三角形的尖刺。

日落、黄昏。

晨曦。

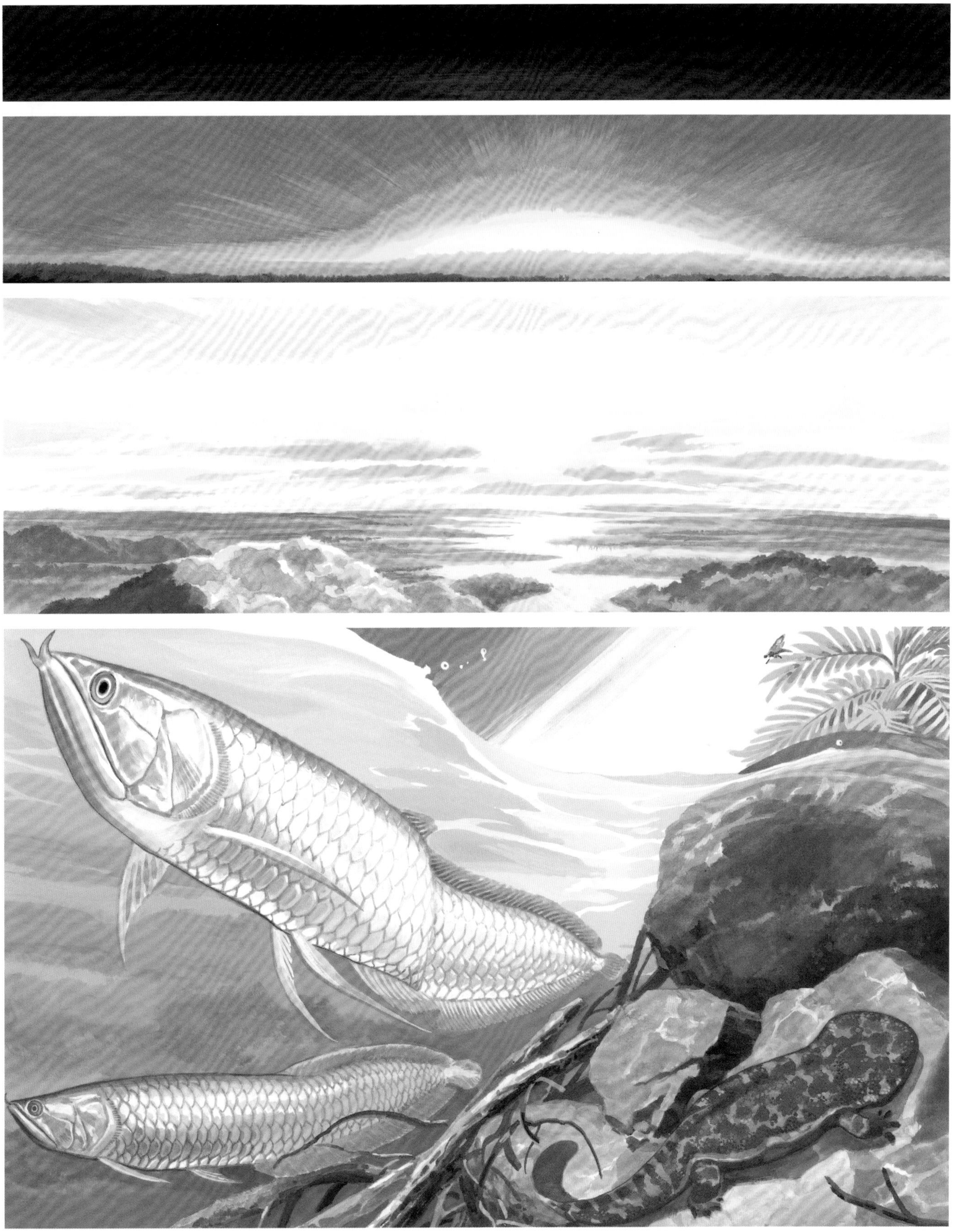

▲ **龙鱼**
Arowana
体长 90cm

骨舌鱼科的别称，因为其体形长，有须，类似龙，故称其为“龙鱼”，是一种非常古老的淡水鱼类。

▲ **柯卡特螈**
Kokartus Honorarius
体长 20cm

远古蝾螈，生活在侏罗纪中期。

▲ **蜉蝣**

Ephemeroptera

体长 2.5cm~3.2cm

蜉蝣目的统称，原始的有翅昆虫，现今存活的蜉蝣种类的生命周期普遍较短，最短的仅一天。

体长 1.5m

Archaeopteryx

▼ **始祖鸟**

因其化石保存了完整精美的羽毛而闻名中外。虽然身覆羽毛，但其仍归类于恐龙，且飞行能力并不强，只能在树间进行短暂的飞行或滑行。

▲ 弯龙

Camptosaurus

体长 8m

以坚硬的植物为食，除四足步行外，还可以双足步行。

弯龙们聚集在河边，补充水分。

▲ **鲟鱼**
Sturgeon
体长 8m

世界上最大的淡水鱼，用触须探测食物，没有牙齿。最早出现于侏罗纪晚期，且后代延续至今。

相较于三叠纪，侏罗纪的沿海地带增多，因而气候更为温暖湿润，虽然开花植物仍未出现，但蕨类、苏铁、针叶树和银杏等多种植物都非常茂盛，植被覆盖面积增大，促进了植食性恐龙的发展，并间接带动了肉食性恐龙的繁衍。

一声闷响打破了宁静。

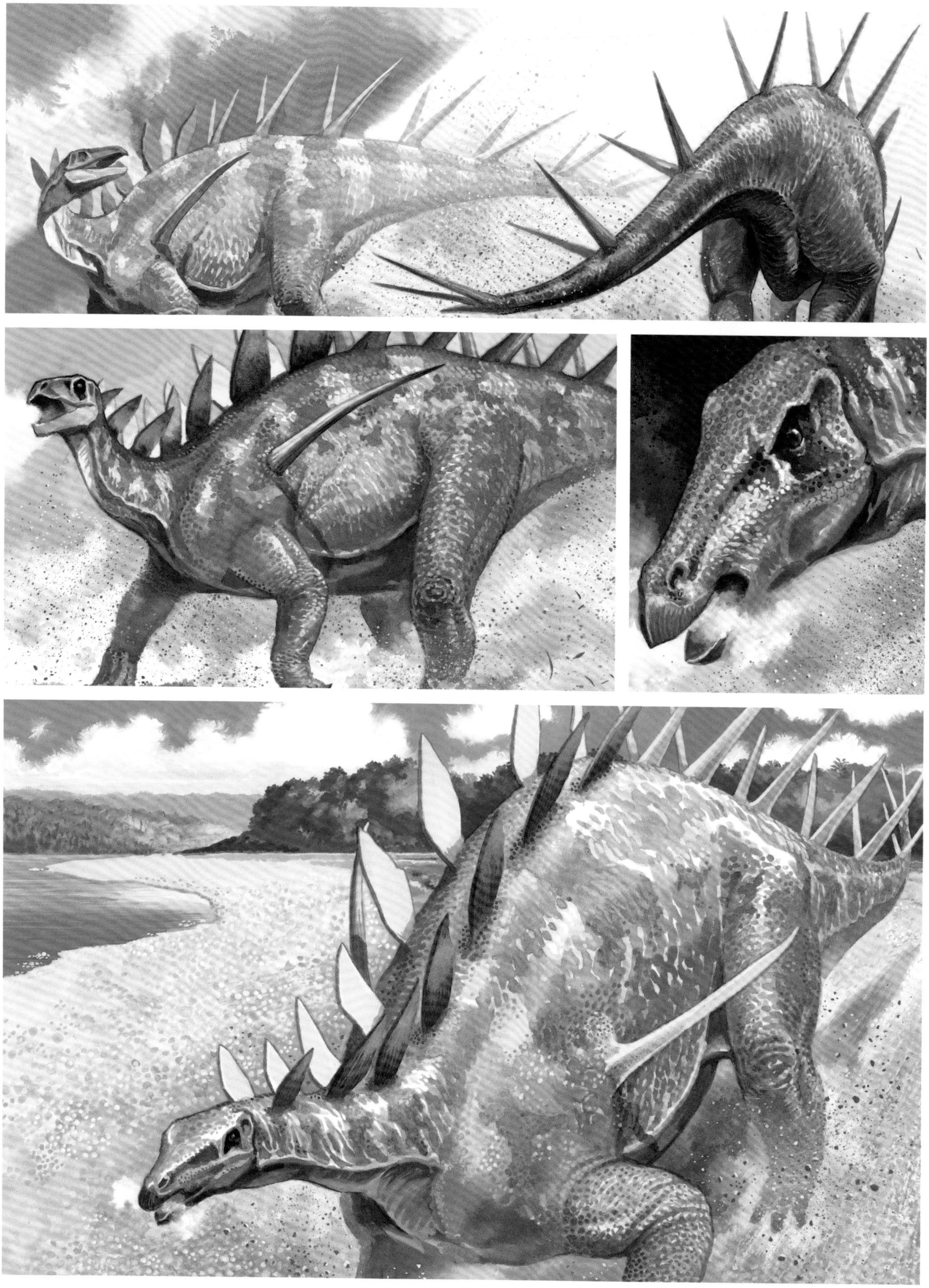

▲ **钉状龙**

体长 4.5m

Kentrosaurus

又名肯氏龙，植食性，体形偏小，与剑龙是近亲，后背到尾巴分布着尖刺，肩膀或臀部两侧可能长有尖刺，仅颈部到背部有骨板。

两头钉状龙发生冲突，扭打在一起。

一记强力的撞击分出了胜负。

再战？……什么声音？

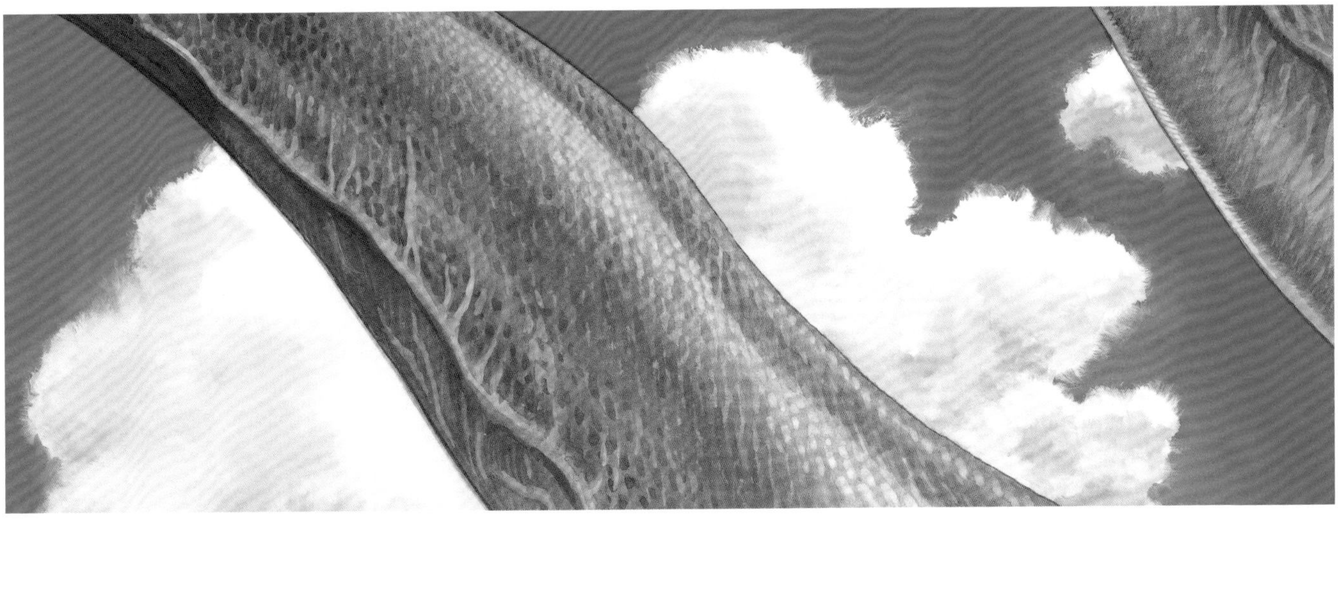

▲ 梁龙

体长 35m

Diplodocus

植食性，体形庞大，头小，长颈长尾巴，四肢强壮，由于颈骨较少且韧性强，所以转动头部较为吃力。

下水冲洗一番。

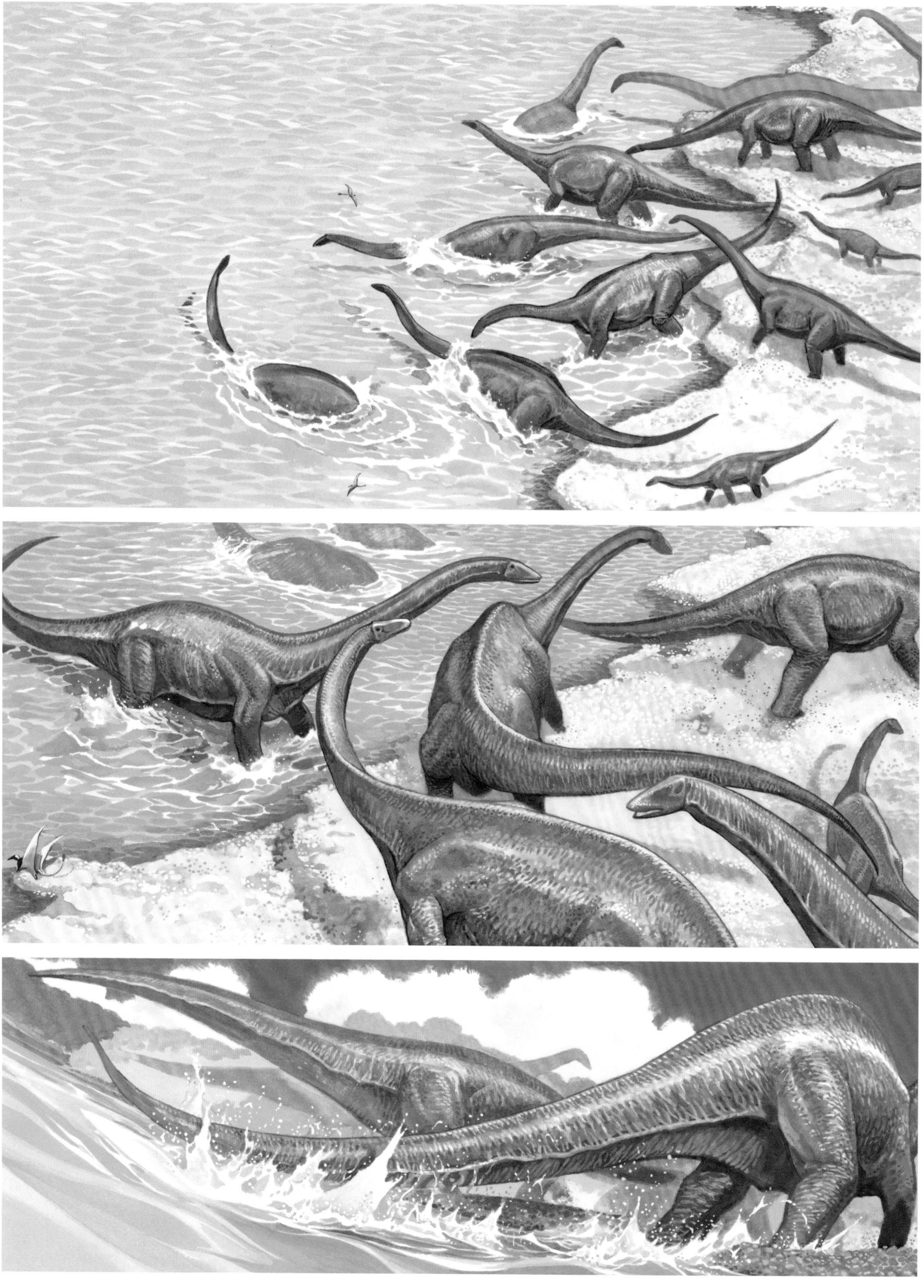

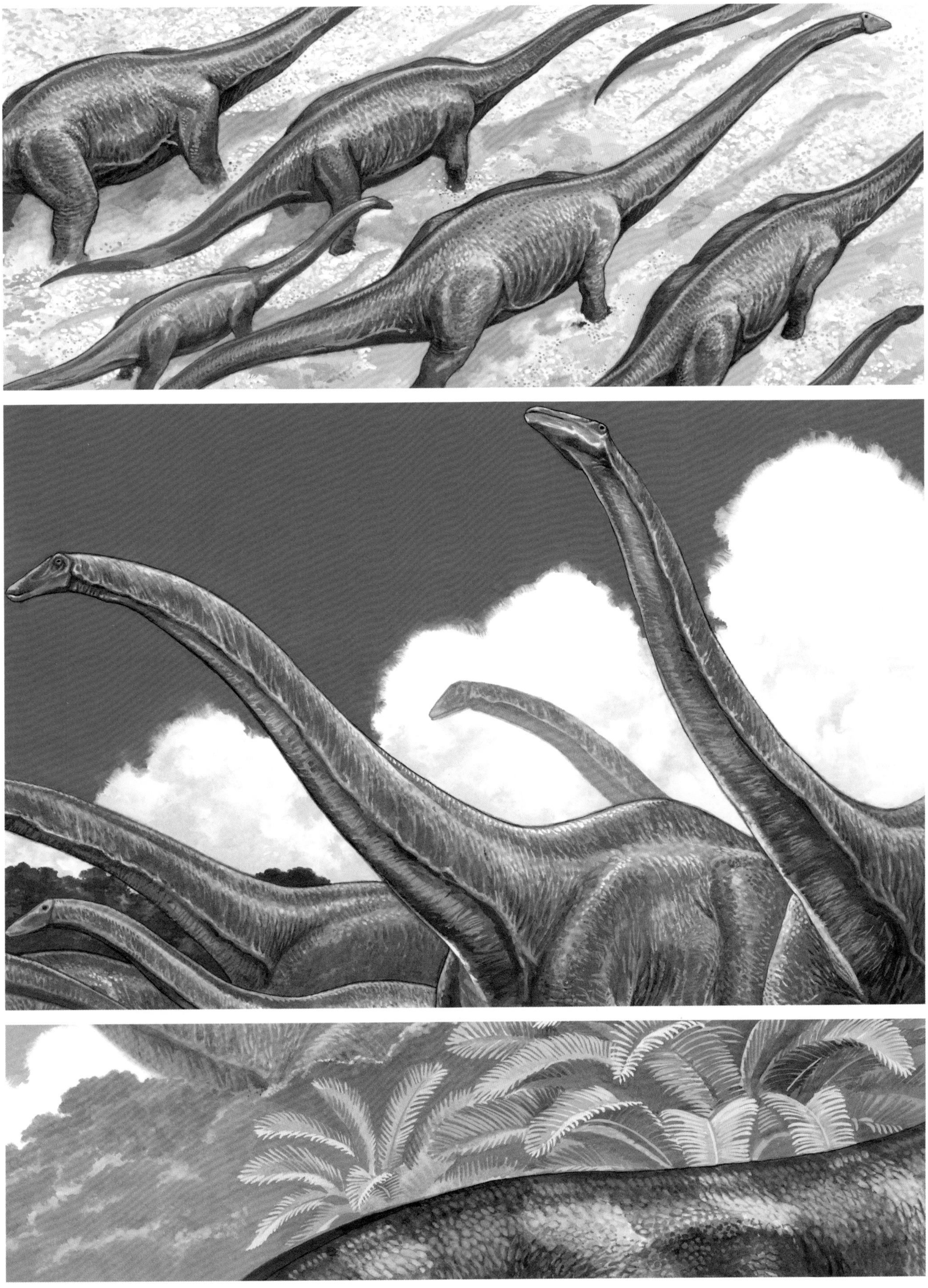

▲ **冰脊龙**

Cryolophosaurus

体长 6m

又名冰棘龙或冻角龙，肉食性，眼睛上方顶有一个像梳的奇异的冠状物，由于打斗情况下较为易碎，故推测用于求偶。

恐龙正在吃松针。

◀
松柏科植物

Conifer

最早的针叶树可追溯至古生代石炭纪晚期，侏罗纪十分繁盛，是体形庞大的植食性恐龙重要的食物来源。

植食性，头小，长颈长尾，前肢比后肢长，以高处的树叶为食，头部可抬至离地面 13m。

体长 25m

Brachiosaurus

腕龙

有什么动静，其他恐龙入侵？

整群腕龙戒备着，还好梁龙群路过的姿态没有把腕龙激怒。

梁龙群离开了……

角鼻龙

Ceratosaurus

体长 8m

肉食性，鼻子上方有一只尖角，两眼上方也有一对小角，由于体形上不具备狩猎优势，所以狩猎大型恐龙时有可能是集群捕猎。

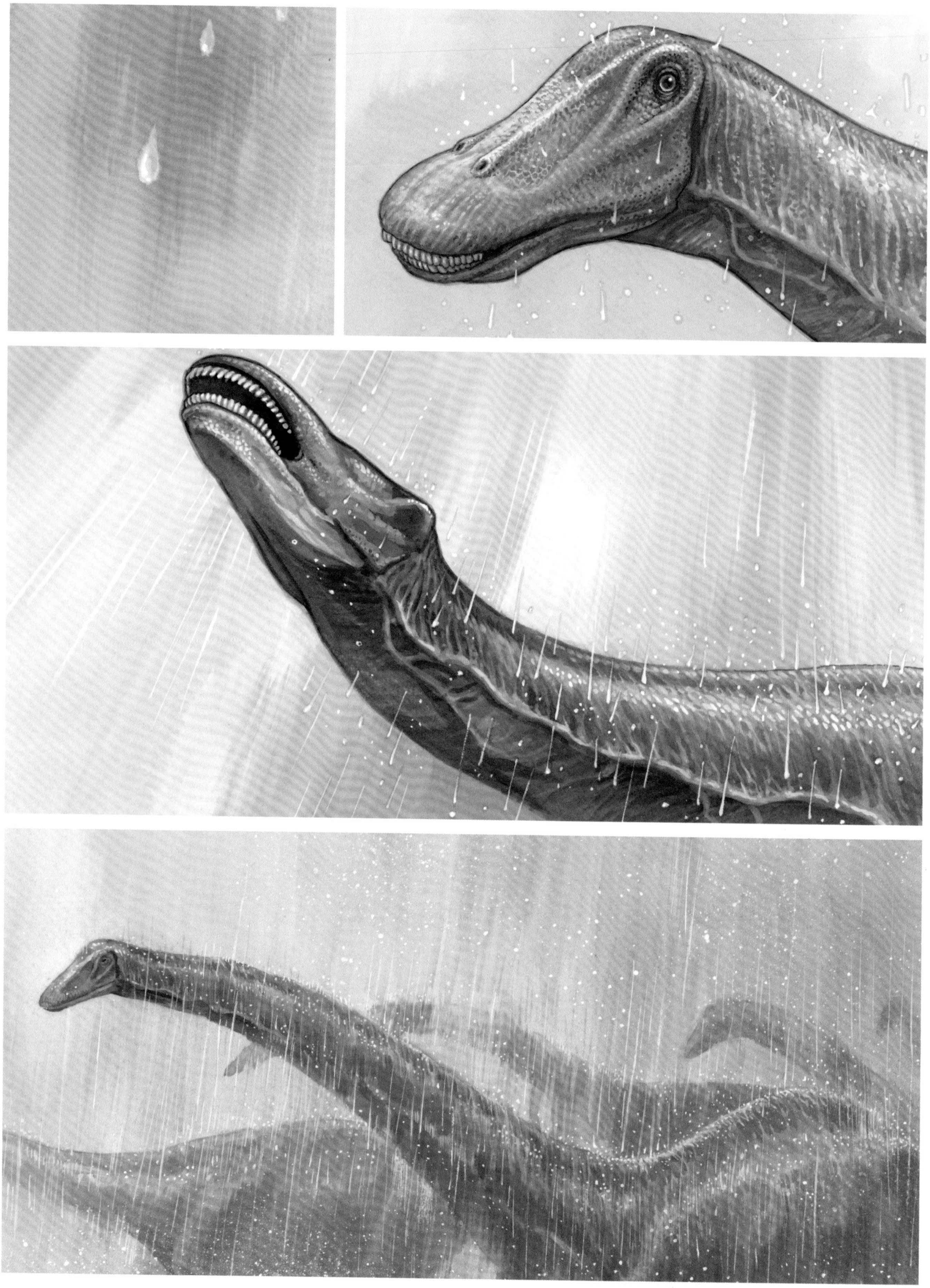

整群梁龙进入松树林避雨。

地球地质年历表

Hadean 冥古宙		**46 亿年前**
Archean 太古宙		**37 亿年前**
Proterozoic 元古宙		**25 亿年前**
	Ediacaran 震旦纪	6.3 亿年前
Paleozoic 古生代		**5.4 亿年前**
	Cambrian 寒武纪	5.4 亿年前
	Ordovician 奥陶纪	5 亿年前
	Silurian 志留纪	4.25 亿年前
	Devonian 泥盆纪	4.08 亿年前
	Carboniferous 石炭纪	3.63 亿年前
	Permian 二叠纪	2.9 亿年前
Mesozoic 中生代		**2.45 亿年前**
	Triassic 三叠纪	2.45 亿年前
	Jurassic 侏罗纪	2 亿年前
	Cretaceous 白垩纪	1.45 亿年前
Cenozoic 新生代		**6.6 千万年前**
	Paleogene 古近纪	6.6 千万年前
	Neogene 新近纪	2.3 千万年前
	Quaternary 第四纪	260 万年前

侏罗纪分为早、中、晚三部分

侏罗纪	年份	时期	出土恐龙化石
早	2 亿年前 ~1.7 亿年前	Hettangian 海塔其期 Sinemurian 锡内穆期 Pliensbachian 普连斯巴奇期 Toarcian 托阿你期	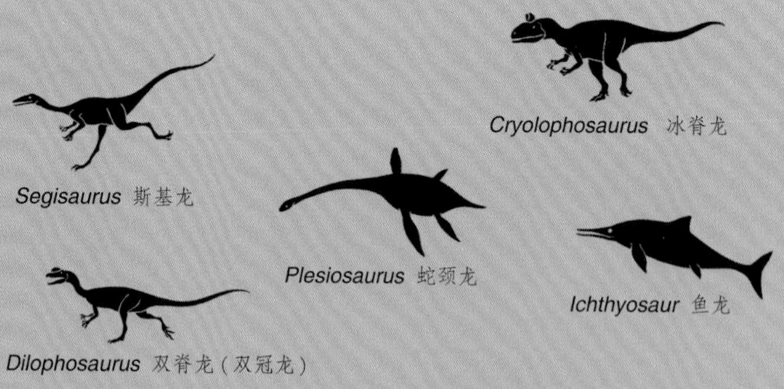 *Cryolophosaurus* 冰脊龙 *Segisaurus* 斯基龙 *Plesiosaurus* 蛇颈龙 *Ichthyosaur* 鱼龙 *Dilophosaurus* 双脊龙（双冠龙）
中	1.7 亿年前 ~1.6 亿年前	Aalenian 阿连期 Bajocian 巴柔期 Bathonian 巴通期 Callovian 卡洛维期	 *Plesiosaurus* 蛇颈龙 *Xiaosaurus* 晓龙 *Ichthyosaur* 鱼龙
晚	1.6 亿年前 ~1.45 亿年前	Oxfordian 牛津期 Kimmeridgean 启莫里期 Tithonian 提通期	 *Rhamphorhynchus* 喙嘴翼龙 *Brachiosaurus* 腕龙 *Apatosaurus* 迷惑龙 *Diplodocus* 梁龙 *Allosaurus* 异特龙 *Stegosaurus* 剑龙 *Kentrosaurus* 钉状龙（肯氏龙） *Ceratosaurus* 角鼻龙 *Archaeopteryx* 始祖鸟 *Gargoyleosaurus* 怪嘴龙 *Plesiosaurus* 蛇颈龙 *Liopleurodon* 滑齿龙 *Ichthyosaur* 鱼龙

整个侏罗纪历时约五千五百万年，考古地质学上把这一地质时期再细分为多个部分，所发掘得来的恐龙化石分布于不同时期，为使绘本内容更为流畅，刻意安排所有存活于侏罗纪不同时期的恐龙出现在同一时空，当中某些恐龙的相遇可能未必跟实际情况相符。